住房城乡建设部土建类学科专业"十三五"规划教材

高等学校工程管理和工程造价学科专业指导委员会规划推荐教材

工程造价概论

吴佐民　主编

刘伊生　王雪青　主审

U0391728

中国建筑工业出版社

图书在版编目（CIP）数据

工程造价概论 / 吴佐民主编 . —北京：中国建筑工业出版社，2019.7（2022.7 重印）
住房城乡建设部土建类学科专业"十三五"规划教材 . 高等学校工程管理和
工程造价学科专业指导委员会规划推荐教材
ISBN 978-7-112-23907-8

Ⅰ . ①工…　Ⅱ . ①吴…　Ⅲ . ①工程造价 – 高等学校 – 教材　Ⅳ . ① TU723.3

中国版本图书馆CIP数据核字（2019）第124622号

本书是住房城乡建设部土建类学科专业"十三五"规划教材，主要用于工程造价专业及建设工程类其他专业的"工程造价概论"课程的教学。

本书主要内容包括工程造价专业的学科定位、培养目标与知识结构，工程造价管理的相关概念、内容，工程计价的基本原理与方法，我国工程造价管理的发展成就与方向、工程造价管理体系，国际工程造价管理情况，以及现代工程造价管理方法等。

本书概念准确、理论性强、内容新颖、紧密联系工程造价管理的工程实践，可供高校工程造价专业教学使用，还可供政府管理部门、建设单位、设计单位、工程咨询单位、科研单位和施工单位参考。

为更好地支持相应课程的教学，我们向采用本书作为教材的教师提供教学课件，有需要者可与出版社联系，邮箱：jckj@cabp.com.cn，电话：（010）58337285，建工书院 http://edu.cabplink.com。

责任编辑：王　跃　张　晶
责任校对：赵听雨

住房城乡建设部土建类学科专业"十三五"规划教材
高等学校工程管理和工程造价学科专业指导委员会规划推荐教材
工程造价概论
吴佐民　主编
刘伊生　王雪青　主审
*
中国建筑工业出版社出版、发行（北京海淀三里河路9号）
各地新华书店、建筑书店经销
北京雅盈中佳图文设计公司制版
北京圣夫亚美印刷有限公司印刷
*
开本：787×1092毫米　1/16　印张：11¾　字数：246千字
2019 年 9 月第一版　2022 年 7 月第五次印刷
定价：**35.00元**（赠教师课件）
ISBN 978-7-112-23907-8
（34208）

序　一

　　高等学校工程管理和工程造价学科专业指导委员会（以下简称专指委），是受教育部委托，由住房城乡建设部组建和管理的专家组织，其主要工作职责是在教育部、住房城乡建设部、高等学校土建学科教学指导委员会的领导下，负责高等学校工程管理和工程造价类学科专业的建设与发展、人才培养、教育教学、课程与教材建设等方面的研究、指导、咨询和服务工作。在住房城乡建设部的领导下，专指委根据不同时期建设领域人才培养的目标要求，组织和富有成效地实施了工程管理和工程造价类学科专业的教材建设工作。经过多年的努力，建设完成了一批既满足高等院校工程管理和工程造价专业教育教学标准和人才培养目标要求，又有效反映相关专业领域理论研究和实践发展最新成果的优秀教材。

　　根据住房城乡建设部人事司《关于申报高等教育、职业教育土建类学科专业"十三五"规划教材的通知》（建人专函 [2016]3 号），专指委于 2016 年 1 月起在全国高等学校范围内进行了工程管理和工程造价专业普通高等教育"十三五"规划教材的选题申报工作，并按照高等学校土建学科教学指导委员会制定的《土建类专业"十三五"规划教材评审标准及办法》以及"科学、合理、公开、公正"的原则，组织专业相关专家对申报选题教材进行了严谨细致地审查、评选和推荐。这些教材选题涵盖了工程管理和工程造价专业主要的专业基础课和核心课程。2016 年 12 月，住房城乡建设部发布《关于印发高等教育 职业教育土建类学科专业"十三五"规划教材选题的通知》（建人函 [2016]293 号），审批通过了 25 种（含 48 册）教材入选住房城乡建设部土建类学科专业"十三五"规划教材。

　　这批入选规划教材的主要特点是创新性、实践性和应用性强，内容新颖，密切结合建设领域发展实际，符合当代大学生学习习惯。教材的内容、结构和编排满足高等学校工程管理和工程造价专业相关课程的教学要求。我们希望这批教材的出版，有助于进一步提高国内高等学校工程管理和工程造价本科专业的教育教学质量和人才培养成效，促进工程管理和工程造价本科专业的教育教学改革与创新。

高等学校工程管理和工程造价学科专业指导委员会

序 二

　　本书对高等学校工程造价专业定位、培养目标、知识结构和能力要求进行了深入、全面的剖析；对工程计价、工程造价、工程造价管理等基本概念和基本理论作了准确的阐述；对市场经济体制工程计价的基本原理和方法作了积极和有益的探索；介绍了现代工程管理的全寿命周期价值管理、全面工程造价管理、标杆管理、集成管理和信息管理等有关理论和知识，并对数字技术背景下的工程造价管理新方法作了前瞻性分析。

　　非常荣幸应邀为本教材作序。本书稿字里行间倾注了作者对工程造价管理的深入研究和心血，体现了作者多年来对工程造价专业理论研究与工程实践知识的积累。愿更多的富有实践工作经验的同事们积极参与高校教材的编写工作，共同为我国教育事业面向国际、面向未来和面向工程做出有益的贡献。

丁士昭

于 2019 年 3 月 19 日

序 三

  1984 年，国务院发布了《关于改革建筑业和基本建设管理体制的若干意见》，意见提出了引入市场经济的做法，改革建筑业和基本建设管理体制的 16 项措施。为配合这一改革，工程造价管理方面，提出了"统一量、指导价、竞争费"的改革思路，使工程造价管理从计划经济向市场经济迈出了第一步。2003 年，为了适应加入世界贸易组织和社会主义市场经济发展的需要，建设部发布了《建设工程工程量清单计价规范》，提出了"政府宏观调控、企业自主报价、竞争形成价格、监管行之有效"的工程计价改革思路，并不断得到传承与发展。多年来，工程造价改革与建筑业改革，以及国家经济体制改革息息相关，同步推进，取得了好的成效。与此同时，为了适应市场经济体制下，发承包双方对价值管理、成本管理和工程博弈的需要，1996 年，国家建立了造价工程师执业资格制度和工程造价咨询企业管理制度，造价工程师广泛服务于业主、设计、咨询、施工、银行等企业，也遍布投资管理、建设管理、审计等政府主管部门，既满足了市场主体对人才的需要，也促进了工程造价人员业务水平和社会地位的不断提升。

  2012 年，教育部将工程造价专业纳入《普通高等学校本科专业目录》。支持工程造价专业的学科建设是每一个工程造价专业人员应尽的职责。吴佐民同志在 30 多年工程造价管理中，从专业工作到行业管理，始终勤于思考，身体力行，积累了丰富的专业知识和管理经验，并编撰了大量的标准等文献，得到了行业的认可与使用。这本《工程造价概论》阐述了工程造价专业定位、培养目标和知识结构；工程造价管理相关的基本概念，工程计价的基本原理和方法；我国的工程造价管理体系以及现代工程造价管理的发展方向等。相信本书的出版，对大家进一步了解工程造价专业的发展历程、工程造价专业知识，把握工程造价管理的发展方向会起到积极的作用。

徐惠琴

2019 年 2 月 20 日

前　言

2012 年，教育部将工程造价专业纳入《普通高等学校本科专业目录》。如何培养基础扎实、市场适用的工程造价专业人才一直是我们教育工作者所关心的问题。2015 年住房和城乡建设部高等学校工程管理和工程造价学科专业指导委员会编制了《高等学校工程造价本科指导性专业规范》，并在此基础上，该委员会组织高校教师和业界专家共同进行工程造价专业本科核心课教材的编写，这本《工程造价概论》便是其中之一。

改革开放四十多年来，工程造价管理随着经济体制的改革而不断变革，工程造价管理的思想、方法和技术有了较大的发展。本书立足于工程造价专业的市场化发展，介绍了工程造价专业的学科定位、培养目标与知识结构，工程造价专业的学生最终成为造价工程师的能力要求，工程造价管理的相关概念与内容，工程计价的基本原理与方法，我国工程造价管理的发展成就与方向、工程造价管理体系，国际工程造价管理情况，以及工程经济分析方法和现代工程造价管理新方法等。

本书由吴佐民主编，具体分工如下。第 1、2、3、4、6、7 章由吴佐民编写；第 5 章由李成栋编写；第 3 章由周杰、张兴旺协助编写；第 7 章由叶进协助编写部分内容。在编写过程中刘伊生教授提供了他的"建设工程全面造价管理"课题研究成果，成为第 7 章部分内容的重要支撑。

在本次编写过程中，刘伊生教授不仅提供了宝贵的资料，还对本书的纲目、内容给予了多次指导，并亲自担任本书的主审，在成稿后又提出了细致的修改意见，在此表示衷心的感谢！感谢王雪青教授参加本书的审定！更要感谢徐惠琴司长、丁士昭教授为本书作序！

限于编者水平有限，本书缺点和错误之处在所难免，敬请大家批评指正！我们将不胜感激！

吴佐民

2019 年 3 月 22 日

目　录

1

工程造价专业概述

【教学提示】

本章是工程造价专业的导入性内容，应通过对工程与工程管理、工程造价与工程造价管理等含义的了解来理解工程造价专业，并通过介绍工程造价专业的设立与发展过程、《高等学校工程造价本科指导性专业规范》的要求等内容，把握工程造价专业特点、专业定位、培养目标、素质要求等，为工程造价专业学生最终的就业和发展进行职业指引。

1.1　工程与工程管理

1.1.1　工程的含义

工程的定义很多，差别也很大。《辞海》的解释为："土木建筑或其他生产、制造部门用比较大而复杂的设备来进行的工作。"就建设工程而言，何继善院士的《工程管理论》定义为："工程是人类为了生存和发展，实现特定的目的，有效地利用资源，有组织地集成和创新技术，创造新的'人工自然'，直到该'人工自然'退役的全过程活动。"《不列颠百科全书》对工程的定义为："工程是应用科学知识使自然资源最佳地为人类服务的一种专门艺术。"一般来说，工程具有技术集成性和产业相关性，并且，它与创造新的"人工自然"与改变"自然物"的性状是相辅相成的。

从工程的字面看，它有两层基本含义："工"具有科学和技术的含义，"程"具有程序和组织管理的含义，技术和管理一直是工程建设所必需的两个方面。因此，建设好一个工程，一方面要受科学与技术的影响或制约，另一方面也必须有合理的工程组织与工程管理。

1.1.2　工程管理

工程管理是对工程活动进行的管理，包括工程的决策、计划、组织、协调、指挥和控制等。对工程管理应从职能、过程、要素和哲学四个维度加以认识。职能是指工程的决策、计划、组织、协调、指挥与控制等；过程是指工程的全过程管理，即前期的论证、决策、设计，中期的建设实施，建成后的运行，直至退役的整个过程的管理；要素是指针对工程活动中的质量、费用、工期、安全、技术、环境保护与可持续性、合同、风险、信息、文化等进行的集成管理；哲学层面是指工程活动中人的地位与作用，人与人、人与工程、工程与社会、工程与自然的关系和科学、技术与艺术。

工程管理包括狭义的工程管理和广义的工程管理。狭义的工程管理即建设项目或建设工程实施的管理，主要工作有：工程规划与论证、决策、工程勘察与设计、工程的交易、工程施工与验收，以及工程的维护与运营、工程的拆除等。广义的工程管理还包括对重要复杂的新产品、设备、装备在开发、制造、生产过程中的管理，包括技术创新、技术改造、转型的管理，产业、工程和科技的发展布局与战略的研究与管理等。本书的研究对象是狭义的工程管理，即建设项目的工程管理，限于建设工程领域的建设过程和管理要素等。工程造价管理是工程管理的重要内容和关键工作，是在建设工程项目全寿命周期内对所发生的费用进行管理。

1.1.3　工程的分解与分类

为满足工程造价管理或工程管理的需要，一般要进行工程的分解与分类。在一个建设项目的组成上依次分解为单项工程、单位工程、分项工程、分部工程。在类别上，

《建设工程分类标准》GB 50841—2013 对建设工程的分类进行了规定，建设工程按自然属性可分为建筑工程、土木工程、机电工程；按使用功能可分为房屋建筑工程、铁路工程、公路工程、水利工程、市政工程、矿山工程、林业工程等。建筑工程按照使用性质可划分为民用建筑工程、工业建筑工程、构筑物工程及其他建筑工程等。建筑工程按照组成结构可分为地基与基础工程、主体结构工程、建筑屋面工程、建筑装饰装修工程、建筑环境与设备工程、室外建筑工程等。土木工程可分为道路工程、轨道交通工程、桥涵工程、隧道工程、水工工程、矿山工程架线和管沟工程、其他土木工程等。机电工程可分为机械设备工程、静设备与金属结构工程、电气工程、自动化控制仪表工程、建筑智能化工程、管道工程、消防工程、净化工程、通风空调工程、设备及管道防腐与绝热工程、工业炉工程、电子与通信工程等。

在工程的建设过程中，通常将工程称为建设项目。建设项目是指按照总体规划或设计进行建设的，由一个具有独立使用功能的单项工程或由若干个互有联系的单项工程组成的系统工程项目。单项工程是指具有独立的设计文件，建成后可以独立发挥生产能力和使用功能的工程项目。单项工程是建设项目的组成部分，一个建设项目可以仅包括一个单项工程，也可以包括多个单项工程，如工业项目的某个车间，某个小区的某栋建筑。单位工程是指具备独立设计文件，能够独立组织施工，但不能独立发挥生产能力或使用功能的工程项目。单位工程是单项工程的组成部分，如工业厂房工程中的土建工程、设备安装工程、工业管道工程等。分部工程是指将单位工程按专业性质、建筑部位等划分的工程项目，如地基与基础、主体结构、装饰装修、幕墙、通风与空调、建筑电气、弱电等。分项工程是指将分部工程按主要工种、工程构造、施工工艺等划分的工程单元，如土方开挖、土方回填、钢筋、模板、混凝土等。

1.2 工程造价专业

1.2.1 工程造价和工程造价管理的基本含义

工程造价即工程的建造费用或工程交易的价格。所谓的建造费用，从投资方的角度看是其建设项目的投资，即为建设一项工程或工程的某个部分所支付的项目投资；所谓的工程交易价格，即从工程交易的角度看，它是一个市场所反映的工程采购的价格，该工程交易的发包人是投资人或建设单位，该工程的承包人是承包商或施工单位，该工程价格从施工企业成本管理角度应涵盖工程建设的工程成本，并应有一定的利润所得。

工程造价管理即对工程造价进行预测、确定、计划、控制、评估等一系列的活动。从工程造价管理的解释看，工程造价专业学生工作后首先是计算和确定工程造价，其最终目的是与技术、管理人员等配合共同实现工程的建设，并且围绕工程的造价和项目价值进行工程管理。按照上述解释，则工程造价专业的本质是工程造价管理专业，即从事的工作是工程造价的管理活动，而在一般口语化的表述中，工程造价有时隐含了"管理"的意思。后续的课程中，将对工程造价、工程计价、工程造价管理的概念与内涵进行深入的解释与剖析。

1.2.2   工程造价专业的发展历程

工程造价专业源于工程建设中进行工料计划与管理的一个技术岗位。中国古代，在进行宫殿、陵寝、坛场、祠庙等皇家工程的建设过程中，就有从事征集匠师、人工，进行建筑材料的征调、采购、运输、制造等工作的官员与工匠。为保证征集与采购的准确与及时，必然要根据工程的整体需要和进度进行科学的工料估算与计划，在我国宋代的《营造法式》中就有关于工料测算的记载。

在发达的市场经济国家，以英国为代表，其工料测量师（Quantity Surveyor）已经有了 200 多年的历史，从 1868 年起，英国皇家特许测量师学会经过 150 年的持续建设，形成了一套从学历教育、专业发展、教育认证到资格认证、持续教育、国际合作的制度和服务体系。美国的造价工程师（Cost Engineer）晚于英国，1956 年，美国造价工程师协会（AACE）成立，也开展了资格认证、持续教育、国际合作等工作，美国造价工程师更多地强调技术背景，并强调工期与成本的关联，强调全面项目管理，所以 AACE 在造价工程师、项目经理、项目控制、工程索赔专家等方面一直处于领导地位。

我国的工程造价专业本科学历最早于 1986 年在南方冶金学院（现江西理工大学）经中国有色金属工业总公司批准设立。2002 年，天津理工大学经教育部批准，在经济管理学院设立了工程造价专业，并准许授予工学学士学位。2012 年，教育部颁布的《普通高等学校本科专业目录》将工程造价专业纳入其中，设置在管理学门类下的管理科学与工程专业类，代码 120105，该专业可以授予管理学或工学学士学位。

在工程造价专业纳入本科目录以前，很多学校在工程管理专业开设了工程造价方向的课程。目前，以工程管理大类招生的学校有的仍然在开设工程造价管理、工程项目管理、房地产开发与管理、物业管理四个方向的课程。无论是工程造价专业还是工程管理专业，专业课程设置基本上是法律类、工程技术类、经济类、管理类四大课程体系，基础课和专业基础课设置基本上是一致的，只是因专业设置或专业方向不同各自有所侧重。在教学指导与教学评估方面，工程管理专业和工程造价专业仍沿用合一的教学指导委员会或评估委员会。2013 年，住房和城乡建设部在工程管理教学指导委员会的基础上，成立了高等学校土建学科工程管理和工程造价专业指导委员会。2018 年，高等教育教学指导委员会统一归属教育部，成为教育部高等学校管理科学与工程教学指导委员会工程管理和工程造价专业教学指导分委员会。

工程造价专业纳入本科教学目录后，开设工程造价专业的学校和在校生数量高速增长。根据中华人民共和国教育部公布的数据，截至 2015 年 7 月，全国共有 170 所本科院校开设工程造价专业，具体情况见图 1-1。

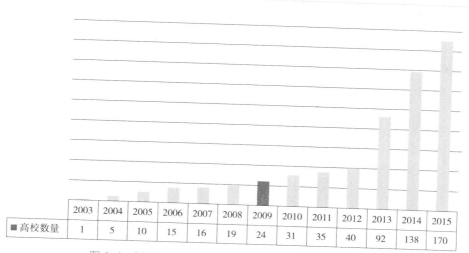

	2003	2004	2005	2006	2007	2008	2009	2010	2011	2012	2013	2014	2015
■ 高校数量	1	5	10	15	16	19	24	31	35	40	92	138	170

图 1-1 2003~2015 年高等学校工程造价本科专业院校数量

与此同时，随着我国基本建设规模的持续增长，市场对造价工程师需求旺盛，毕业生就业率较高。近几年，工程造价本科专业招生数量呈快速上升趋势，特别是二本和三本专业增长速度较快。总的来看，2010~2015 年增长速度呈"峰"状：2010~2012 年增长速度比较缓慢，2011 年同比增长 17.4%，2012 年同比增长 14.1%；受到 2012 年教育部招生专业目录调整的影响，工程造价专业从 2002 年初设时的目录外专业变更为 2012 年的基本专业后，2013 年工程造价本科专业招生数量同比增长率高达 88.5%，2014 年同比增长 46.6%，2015 年增长率有所下降，但仍然高达 28.7%。具体情况如表 1-1 所示。

2010~2015 年工程造价本科专业不同批次招生数量　　　　表 1-1

年份 批次	2010	2011	2012	2013	2014	2015
一本	169	160	132	188	204	964
二本	1836	2190	2653	4666	6275	8411
三本	1175	1384	1471	3170	5339	5763
合计	3180	3734	4256	8024	11764	15138

根据住房和城乡建设部人事司统计资料，截至 2017 年，已有 241 所大学开设工程造价专业，在校生达 8.9 万人，当年招生数为 2.1 万人，毕业生 1.6 万人。在土木工程类的九大专业中，工程造价专业已经成为仅次于土木工程、工程管理的第三大专业，且招生规模仍呈扩大趋势。

与此同时，近年来高职高专院校的工程造价专业招生热度不减。据统计，截至 2017 年，已经开设工程造价专业的高职高专院校逾 700 多所。然而，随着以 BIM 为代表的建筑信息技术的发展，工程计量这类具有规范工程量计算规则的工作在不远的将来会被人工智能所替代，因此，仅具备工程计量、计价能力的毕业生将面临一定的就业压力。

1.3　工程造价专业的定位与培养目标

1.3.1　工程造价专业定位

　　2015 年住房和城乡建设部高等学校工程管理和工程造价学科专业指导委员会编制的《高等学校工程造价本科指导性专业规范》（详见附录 A）明确规定：工程造价专业的主要支撑学科是管理科学与工程、建设工程相关学科以及经济学、管理学、法学门类的相关学科。

　　一直以来，住房和城乡建设部高等学校工程管理和工程造价学科专业指导委员会的专家们，对工程造价专业的知识体系均强调建设工程技术、管理、经济、法律四大支撑平台。各学校要根据自身的办学条件选择专业定位，一是要考虑学校本身的教学定位，如研究型大学和应用型大学；二是要考虑学校开办工程造价专业的区域或专业优势，如土木工程院校一般立足于地方的房屋建筑工程和市政工程人才需求，原专业部所属的专业工程院校多立足于专业工程，如交通大学立足于交通工程、电力大学立足于电力工程。多年来，正因为各学校的专业背景不同，专业定位也有一定出入，主要形成了三个代表性类型。一是以重庆大学、沈阳建筑大学、华北电力大学为代表的，以土木工程或专业工程技术为基础的技术类背景院校；二是以天津理工大学、广州大学为代表的，以管理科学与工程为基础的管理类背景院校；三是以东北财经大学、西安财经大学为代表的，以经济学为基础的经济类背景院校。

　　工程造价专业最终培养的是造价工程师，其最重要的基础仍然是工程技术，另外，随着现代信息技术的发展，工程造价管理的技术手段也在与时俱进，工程造价管理也越来越离不开信息技术的支撑，因此，工程造价专业还必须拥有现代信息管理和计算机技术等，这又形成了一个新的支撑平台。

1.3.2　工程造价专业的培养目标

　　《高等学校工程造价本科指导性专业规范》对工程造价专业确定的培养目标是：培养适应社会主义现代化建设需要，德、智、体、美全面发展，掌握土木工程或其他工程领域的基本技术知识，掌握与工程造价管理相关的管理、经济和法律等基础知识，具有较高的科学文化素养、专业综合素质与能力，具有正确的人生观和价值观，具有良好的思想品德和职业道德、创新精神和国际视野，能够在土木工程或其他工程领域从事工程建设全过程造价管理的高级专门人才。

　　根据该规范要求，高等院校工程造价专业教学应注重以下的知识学习和能力教育：

　　（1）通过系统地学习政治、人文、美学等课程，培养学生树立科学的世界观、人生观和正确的价值观，培养学生的职业责任和社会责任，培养高尚的思想品质、积极向上的生活态度。

（2）通过土木工程技术（或专业工程技术）的学习和认知实习等，掌握某项工程技术基础知识，为毕业后尽快认知工程、进入工程角色打下坚实的技术基础。

（3）系统学习经济学、管理学的理论知识，全面了解项目管理、工程经济和建设工程法律法规等基本理论、方法，具备综合运用工程管理理论、进行技术经济分析的理念和基本技能。

（4）系统学习工程计量、工程计价、工程造价管理的理论与方法，熟练掌握各阶段工程计量、工程计价的工具与技能，具备全面进行工程造价管理、价值管理的能力。

（5）系统学习计算机技术和现代信息技术知识，培养具有以互联网、大数据、人工智能为代表的信息技术应用的意识，以及进行工程造价管理数据分析和数据资源化的能力。

（6）通过实习实训、社会实践、科学研究、专业竞赛、公益活动、劳动实践、国际交流、阅读习惯等训练，培养学生的科学认知和科学素质，使学生具有严谨的科学态度，科学的思维方式和创新精神、实践能力以及国际视野。

总之，高等院校工程造价本科专业的具体目标是：培养具有正确的人生观和价值观，具有良好的思想品德和职业道德、社会责任，以建设工程技术和现代信息技术为基础，能综合运用管理学、经济学和相关的法律知识与技能，为建设项目的投融资管理、合同管理、工程造价的确定与控制、建设方案的比选与优化、工程施工的成本管理以及各管理要素的综合优化等提供服务的，熟悉技术、掌握经济、擅长管理、能开拓经营的复合型人才。

1.4 工程造价专业的知识结构与教学内容

1.4.1 工程造价专业的知识结构

根据《高等学校工程造价本科指导性专业规范》，工程造价专业的学历教育要达到以下的知识结构：

（1）基本的人文社会科学知识。熟悉哲学、政治学、社会学、心理学、历史学等社会科学基本知识，掌握管理学、经济学、法学等方面的基本知识，了解文学、艺术等方面的基本知识。

（2）扎实的自然科学基础知识。掌握高等数学、工程数学知识，熟悉物理学、信息科学、环境科学的基本知识，了解可持续发展相关知识，了解当代科学技术发展现状及趋势。

（3）实用的工具性知识。掌握一门外国语，掌握计算机及信息技术的基本原理及相关知识。

（4）扎实的专业知识。掌握工程制图与识图、工程材料、土木工程（或建筑工程、机电工程）组成及构造、工程力学、工程结构、工程测量、工程施工技术、建筑设备等工程技术知识；掌握工程项目管理、工程定额原理、工程计量与计价、工程造价管理、运筹学、施工组织、工程风险管理等管理学知识；掌握工程经济学、会计学基础、工程财务等经济学知识；掌握经济法、建设法规、工程招投标及合同管理等法学知识；熟悉工程计量与计价软件、工程造价信息管理等信息技术知识。

（5）相关领域的科学知识和专业知识。了解城乡规划、房屋建筑学、市政工程、环境工程、设备及安装工程、电气工程、交通工程、园林工程以及金融保险、工商管理、公共管理等相关专业的基础知识。

1.4.2　工程造价专业教学内容

《高等学校工程造价本科指导性专业规范》将工程造价专业教学内容划分为知识体系、实践体系和大学生创新训练三部分，通过有序的课堂教学、实践教学和课外活动，实现知识融合与能力提升。

1. 工程造价专业知识体系

工程造价专业知识体系由人文社会科学基础知识、自然科学基础知识、工具性知识和专业知识四个知识领域构成。工程造价专业知识体系包括知识领域、知识单元和知识点三级内容。知识单元分为核心知识单元和选修知识单元两种类型，核心知识单元提供专业知识体系的基本要素，是工程造价专业教学中必要的、最基本的教学内容；选修知识单元是指不在核心知识单元内的其他知识单元，选修知识单元由各高等学校根据自身办学定位、办学条件及支撑学科特点自主设置。

工程造价专业知识体系中专业知识领域由以下五大部分构成：

（1）土木工程或其他工程领域技术基础；

（2）管理学理论和方法；

（3）经济学理论和方法；

（4）法学理论和方法；

（5）计算机及信息技术。

核心知识单元是工程造价专业知识体系中专业知识领域的最小集合，包含内容广泛，《高等学校工程造价本科指导性专业规范》归纳了共计254个知识单元和1030个知识点，是工程造价专业学生必须掌握的必备知识。

2. 工程造价专业实践体系

工程造价专业实践体系包括各类实验、实习、设计、社会实践以及科研训练等方面。实践体系分为实践领域、实践单元、知识与技能点三个层次。通过实践教学，培养学生具有分析、研究、解决工程造价管理实际问题的综合实践能力和科学研究的初步能力。

工程造价专业实验领域包括基础实验、专业基础实验、专业实验及研究性实验四个环节。

（1）基础实验实践环节。包括计算机及信息技术应用实验、物理实验等实践单元。

（2）专业基础实验实践环节。包括工程材料实验、工程力学实验等实践单元。

（3）专业实验实践环节。包括工程计价及造价管理软件应用实验、工程管理类软件应用实验等实践单元。

（4）研究性实验实践环节。可作为拓展能力的实践教学环节，各高等学校可结合自身实际情况，针对核心专业知识领域开设，以设计性、综合性实验为主。

工程造价专业实习领域包括认识实习、课程实习、生产实习和毕业实习四个环节。

（1）认识实习环节。按工程造价专业核心知识领域的相关要求安排实践单元，应选择符合专业培养目标要求的相关内容。

（2）课程实习环节。包括工程测量实习、工程现场实习以及其他与专业有关的课程实习。

（3）生产实习与毕业实习环节。各高等学校应根据自身办学特色及工程造价专业学生所需培养的综合专业能力，安排实习内容、时间和方式。

工程造价专业设计领域包括课程设计和毕业设计（论文）两个环节。课程设计和毕业设计（论文）的实践单元按专业方向安排相关内容。上述实践教学环节的教学目标、知识技能点见附件 B。社会实践及科研训练等实践教学环节由各高等学校结合自身实际情况设置。

3. 大学生创新训练

工程造价专业人才的培养应体现知识、能力、素质协调发展的原则，特别强调大学生创新思维、创新方法和创新能力的培养。大学生创新训练与初步科研能力培养应在整个本科教学和管理相关工作中贯彻和实施，要注重以知识体系为载体，在课堂知识教学中进行创新训练；应以实践体系为载体，在实验、实习和设计中进行创新训练；选择合适的知识单元和实践环节，提出创新思维、创新方法、创新能力的训练目标，构建和实施创新训练单元。提倡和鼓励学生参加创新活动，如中国建设工程造价管理协会与住房和城乡建设部高等教育工程管理和工程造价学科专业指导委员会共同主办的"全国高等院校工程造价技能及创新竞赛"、其他单位主办的工程计量与计价大赛、BIM 大赛等大学生创新实践训练。

有条件的高等学校可开设创新训练的专门课程，如创新思维和创新方法、工程造价管理研究方法、大学生创新性实验等，这些创新训练课程也应纳入工程造价专业培养方案。

总之，工程造价专业的教学环节，要加强对学生学到的理论知识进行综合运用训练，以达到对各层次职业发展的强化训练的目标。工程造价专业应紧扣综合性强的特点，从模块化和综合性两方面进行能力培养。一是对涉及技术、管理、经济、法律和信息化等五大知识领域，学校应按工程造价专业人才执业能力的要求，分层次、分模块设置相应的实践教学内容；二是由于工程造价专业具有集管理与技术于一身的特点，其实践教学应充分借鉴管理类与技术类专业经验，从执业能力的综合培养入手，通过仿真现实工作场景，使学生参与工程管理实践和综合性的工程实践活动。

1.5　工程造价专业毕业生的就业方向

高等院校工程造价专业本科毕业生就业范围相对较宽，主要有以下几个方面，并应具备和发展相应的专业能力。

（1）项目业主。主要是进行项目建设的大、中型企业，包括政府投资公司、房地产开发公司、城市基础设施和道路建设开发企业、工业和能源工程项目建设与运营企业、交通运输工程投资建设企业、农林及生态类投资建设企业等。

业主的工程造价专业人员主要应培养和发展项目的决策、融资管理与计划、设计管理、招标与合同管理、工程建设管理、投资的确定与控制等方面的能力。

（2）施工企业。主要是工程总承包、施工承包和工程分包的各类施工企业，以及与建筑工程、设备安装工程直接相关的制造企业，如钢结构制作安装企业，装配式建筑制造施工企业，空调、电梯等专业工程制作安装企业等。

施工企业的工程造价专业人员主要培养和发展拟承接项目的投标文件编制和投标报价，进行工程的工料计划、工程的组织与成本管理，进行工程分包、材料及设备采购、劳务分包，进行工程结算等方面的能力。

（3）勘察设计企业。主要有房屋建筑工程设计、房屋建筑工程设备设计、市政工程设计、专业工程设计以及工程勘察等企业。

勘察设计企业的工程造价专业人员主要是培养和发展与设计人员配合进行方案比选与设计优化，编制投资估算、设计概算和施工图预算等，进行拟建项目的经济评价与价值管理等方面的能力。

（4）工程咨询、工程监理等咨询服务类企业。主要是工程咨询公司、工程造价咨询公司、工程监理公司、工程项目管理公司等。

咨询服务类工程造价专业人员主要是培养受业主（主要是项目业主或政府）的委托从事投融资策划、项目决策分析、技术经济评价等前期咨询，项目设计管理咨询、方案比选与设计优化，工程计价与工程造价咨询，工程项目管理与合同管理，以及工程审计、工程造价鉴定等方面的能力。

（5）金融企业。包括银行、保险、投资银行等金融企业。

金融企业的工程造价专业人员主要是配合银行担保、贷款等业务需要的尽职调查和咨询。

（6）政府部门、事业单位或社会组织等。包括投资计划、财政管理、工程建设、审计、交通、水利等政府部门及其相关的事业单位、社会组织。

政府部门、事业单位或社会组织的工程造价专业人员主要是培养和发展从事法规、政策的制定与执行、监管，以及工程造价管理、工程计价依据编制、工程计价信息服务、行业自律与服务等公共管理与服务能力。

1.6 工程造价专业的知识结构

1.6.1 专业基础课程

工程造价专业知识体系中专业知识基础由以下五大部分构成：

（1）土木工程或其他工程领域技术基础

对工程的认知与实践是造价工程师的工作核心，没有对工程的认知就无法管理工程、驾驭工程，提升项目的价值。在技术平台的土木工程领域应完成的课程学习包括：工程制图与识图、工程测量、工程材料、工程力学、房屋建筑学、工程结构、工程施工技术与施工组织。同时，有条件的院校应开设建筑装饰、建筑环境与设备工程、建筑电气与智能化工程、园林绿化工程、市政工程等选修课程。

对于有较强专业背景的院校，如水利水电工程、交通工程、矿山工程、铁路工程类院校，在技术平台课程上，可以主修水利水电工程、交通工程、矿山工程、铁路工程等技术课程体系，辅修房屋建筑学、建筑结构与装饰、建筑环境与设备等课程。

（2）管理学理论和方法

工程造价专业的学生不同于技术类专业的学生，要有一定管理学和经济学基础与习惯思维。在管理平台课程上要开设：管理学原理、管理运筹学、工程项目管理、财务管理、管理信息系统。有条件的院校还应针对学校定位开设专门的工程合同管理、工程招投标、国际工程合同管理等课程。

（3）经济学理论和方法

对工程经济的认知与实践，是造价工程师从事工程造价管理、提升项目价值的关键。在经济平台的基础课程方面要学习：经济学原理、技术经济学、工程项目投融资等课程。根据学校及专业特色，可设置金融学基础、会计学基础等相关专业基础知识的课程。

（4）法学理论和方法

法学平台课程是为了支撑工程合同管理、工程招投标等课程，应开设：经济法、建设法规基础课程。

（5）计算机及信息技术

在计算机和信息技术、数字化技术日新月异的今天，计算机或信息类课程非常有必要按平台类课程开设，主要应包括：计算机与信息科学、数据库技术与应用、虚拟设计与建造。有条件的院校应开设：数字化与人工智能基础、工程管理系统集成与软件应用等课程。

1.6.2　专业核心课程

工程造价专业的核心课程应根据学校定位和培养目标开设，其中包括通用性课程和专业性课程。

（1）通用性课程

通用性课程应包括：工程造价概论、工程定额原理、工程计价原理与方法、工程造价管理、工程造价管理信息化等专业核心知识。有条件的院校可选择性开设工期与工程成本计划、工程审计、国际工程造价管理等课程。

（2）专业性课程

根据学校及专业特色，可设置与工程技术基础相适应的专业课程。如建筑或土木工程类北京的院校，应开设建筑与装饰工程计量与计价、建筑安装工程计量与计价、工程招投标及项目管理模拟等，可选修市政工程计量与计价、园林工程计量与计价、房地产项目开发策划等课程。

具有水电、交通等专业背景和特色的院校，应结合专业课程背景开设相关专业工程的计量与计价课程，并选修建筑工程计量与计价。

1.7　造价工程师的能力要求与标准

1.7.1　造价工程师的能力要求

高等院校工程造价专业的学生走上工作岗位并从事专业工作后，最终应成为造价工程师，岗位和工作需要的也应考取咨询工程师、建造师或律师等其他执业资格，不断拓展自身的知识领域与发展能力。造价工程师的能力要求概括起来主要有以下几个方面：

（1）建设项目的工程计量与工程计价；

（2）建设项目的价值管理与经济评价；

（3）建设工程合同价款的分析、确定与工程结算；

（4）建设工程的工料测量、施工组织、工料计划、采购管理与成本管理；

（5）建设工程审计、工程造价鉴定与工程经济纠纷调解；

（6）建设工程计价依据的编制与管理；

（7）与工程造价管理有关的其他事项。

工程造价专业本科毕业生刚就业就期望全面达到上述相应的能力依然是困难的，必须经过工程实践与工作的历练过程，要求根据自身的就业方向有所选择、有所侧重，并在就业的所属领域深入研究、有所发展。

工程造价专业学生就业后要始终牢记工程造价管理或工程管理"要源于工程，依托工程，最终要指导工程、驾驭工程"（清华大学原副校长袁驷在高等院校工程管理与工程造价专业教学指导委员会上的报告）；工程造价专业的学生应重点夯实工程技术基础，加强对工程的认知与实践，尽可能全面、深入地了解工程案例，总结工程案例；工程造价专业的学生应与时俱进，熟悉计算机技术和现代信息管理技术，增强工程数据分析与资源化应用能力；工程造价专业的学生还要精通先进工程管理、工程经济方面的理论、方法、技能，能够提升项目价值、参与工程博弈、进行成本管控，成为真正可以指导工程、驾驭工程的"造价工程师"。

1.7.2 造价工程师的能力标准

造价工程师的能力可分为基本能力、核心能力和专家能力。造价工程师的能力标准见表 1-2 所示。

造价工程师的能力标准表 表 1-2

能力类别	技术平台	经济平台	管理平台	法律平台	信息平台
基本能力	工程计量	工程计价	成本管理		软件使用能力
核心能力	方案比选	投融资策划	工程采购	工程变更	数据获取能力
	造价控制	项目评价	合同管理	工程索赔	数据加工能力
	全过程工程造价管理				
专家能力	设计优化	价值管理	风险管理	工程造价纠纷解决	信息集成管理
	施工方案优化	工程审计	集成管理	专家证人	信息资源化能力
	标准制订	技术经济指标与标准编制	管理制度建设	法规起草	—

1. 基本能力

基本能力是造价工程师或工程造价专业人员最基础的能力，一般应通过本科或高等职业教育的学历教育，系统掌握工程造价专业的知识结构，特别是要全面掌握工程计量与计价的理论、方法与技能，为职业发展奠定基础。造价工程师的基本能力包括：工程计量能力、工程计价能力、工程成本计划与工程成本管理能力以及常用工程造价管理软件的使用能力，这是就业于建设单位、设计单位、咨询单位、施工承包企业所必需的业务基础。

2. 核心能力

核心能力是造价工程师进行建设项目工程造价管理所需要的执业能力，它是在基本能力的基础上建立起来的，并在取得执业资格的考试过程、工程实践过程中进行培养。造价工程师的核心能力主要包括：

（1）工程造价管理技术方面的建设项目方案比选，工程造价控制能力。

（2）建设项目经济分析需要的投融资策划和建设项目经济评价能力。

（3）工程管理需要的建设项目招标投标、工程采购和工程合同管理能力。

（4）工程项目可能会引起工程造价纠纷和索赔，需要具有以法律背景知识为支撑的工程变更与工程索赔处理能力。

（5）进行工程计价、工程造价管理需要的以计算机和信息技术为支撑的数据获取与数据分析加工能力。

造价工程师核心能力最终体现在工程造价的以价值管理、集成管理方面，即全过程工程造价管理能力。

3. 专家能力

专家能力主要是在基本能力和核心能力的基础上，具有较高专业水准的专业人员通过知识综合拓展，所具备的专业高端服务能力，并且该能力随着工程相关法律法规的变化，工程技术、工程项目管理技术、工程经济理论、计算机和信息技术的发展不断进行更新与调整。其主要包括：

（1）工程技术和工程计价方面。工程造价管理技术需要的设计优化、施工方案优化能力，以及工程造价管理相关标准的制定能力。这是造价工程师提升项目价值，能够与工程技术人员进行配合，甚至是主动影响工程技术方案的综合服务能力，以及为行业发展提供最高端技术支撑和业务建设的工程造价管理标准的编制能力。

（2）工程经济方面。建设项目经济分析需要的工程审计和全寿命周期的价值管理能力，以及编制工程技术经济指标的能力。工程审计要全面把握工程资金的运用，正确把握法律和法规的有关规定，并深入工程实际情况，准确地、科学地为政府或委托单位出具审计意见。全寿命周期的价值管理能力是对造价工程师的最高要求，也是造价工程师在项目上、事业上的较高追求，是专业最大的意义所在。工程技术经济指标是指导工程决策、工程设计以及工程施工的基础，这些技术经济指标的编制需要造价工程师既要积累资料，也要具备较高水平的项目划分、数据逻辑分析能力。

（3）工程管理方面。工程项目管理需要的风险管理、项目集成管理和工程管理制度建设能力。工程项目的风险管理、工程项目的集成管理要求造价工程师拥有丰富的工程管理经验，这是造价工程师从全过程工程造价管理能力向全面项目管理能力的跨越，是向最高端工程管理能力和岗位发展的迈进，有了这个能力，才能称得上"驾驭工程"。

（4）工程法律方面。在具备综合的工程造价管理能力、工程项目管理理论和大量工程实践经验的基础上，再加上较高的法律法规知识，造价工程师就可以拓展高端的工程造价纠纷业务，担任调解人、争议评审员、仲裁员和专家证人等，并具备了工程造价管理法律法规、规章的编制能力。

（5）工程计价信息服务方面。造价工程师的工作始终都会面对丰富的工程造价数据。在数字化的背景下，工程数据的数字化、资源化越来越引起信息产业的重视。造价工程师在工程计价信息服务方面可通过企业或行业大量数据的挖掘，发展信息集成管理和信息资源化方面的能力。

造价工程师专家能力要通过其职业发展来获得，并不能够通过简单的培训获得。当然，在具备了丰富知识和实践经验的基础上，造价工程师的专家能力、发展能力也不会仅限于上述方面。

1.8　造价工程师的素质要求

造价工程师执业资格制度之所以能够在我国较早且顺利地设置，主要是因为：一是工程造价管理是工程建设的关键岗位，其责任重大，必须重视职业操守，规范执业、严谨执业；二是工程价格是市场经济体制下，工程建设参与各方关注和博弈的焦点，是市场化发展的需要，要参照国际惯例，按照市场化、国际化的方向建设与发展；三是市场经济体制下，需要大量的工程造价专业人员从工程计价向工程造价管理发展，需要满足更高的素质要求。

1996 年造价工程师执业资格制度设立后，中国建设工程造价管理协会等，陆续开展了造价工程师素质要求等方面的研究，基本形成共识。造价工程师在工程建设的关键岗位，肩负着依法、公平、公正、客观执业的责任，因此，高等院校工程造价专业的教学应结合政治教育、德育教育、职业教育等，着力从政治素质、文化素质、业务素质和身心素质四个方面加强教育与培养。

1.8.1　政治素质

造价工程师政治素质的要求概括起来应体现为：一是坚持党的领导和具有坚定正确的政治方向；二是遵纪守法、客观、公正的执业意识和职业道德；三是勤劳朴实、爱岗敬业的服务精神。

1.8.2　文化素质

文化是指人类精神财富的总和。造价工程师所从事的社会活动已不是简单的工程计价方面的工作。从造价工程师执业范围看，建设项目前期工作涉及国家宏观经济的正确分析、理解与预测。工程承发包阶段、工程结算和工程经济纠纷的鉴定又将涉及大量法律、法规方面的知识。同时，造价工程师应具备较强的组织管理能力、文字表达能力和语言表达能力，以参与工程建设的经济管理。随着我国"一带一路"倡议和"工程建设走出去"战略的实施，造价工程师也必须借鉴国际上先进的工程造价管理经验，必须与不同语言的国外投资者和工程建设者打交道，这就要求造价工程师提升自身的文化底蕴和文化素质。

文化素质是一切智力工作的基础，虽然它不是与生俱来的，但是它贯穿每个人生命的始终。随着国际化和改革开放的深入，国际咨询业将抢滩进入中国市场，我们也将利用中国投资国际化的机遇，参与国际工程建设，尊重国际通行的法律、惯例和他国的文化，也是我们文化素质的重要体现。

1.8.3　业务素质

造价工程师的业务知识涉及国家的政治、经济、金融、法律、税收、工程等各个方面，造价工程师的业务素质要通过政治素质、文化素质和知识结构以及社会实践等各个方面才能体现出来。任何一位造价工程师都难以适应工程造价执业范围内的所有工作，任何对造价工程师进行的全方位、高标准的要求，都是不现实的，这就要求造价工程师在具备基本知识结构的前提下，在工作中对其涉及的专业知识能更加深入，成为具有一定特长的专门性人才。

业务素质的提高主要有两种途径，一是在项目的具体工作中通过社会实践来提高，这是最主要的方面，只有通过造价工程师自身的努力来实现；二是通过继续教育、经验交流等研修方式来提高。

1.8.4　身心素质

身心素质是要求造价工程师要有健康的心理素质和身体素质，以饱满的状态投入业务工作，始终能够理性客观地分析事物，具有正确评价自己与周围环境的能力，具有较强的情绪控制能力，能乐观面对挑战和挫折，具有良好的心理承受能力和自我调适能力，养成健康的生活和工作习惯。

以上四种素质是相互关联的，其中，政治素质是规范执业的前提，文化素质是工作的基础，业务素质是工作的核心，身心素质是工作的保证。造价工程师要养成持续学习的习惯，不断提高自身的四大素质。全体造价工程师也应共同努力，营造行业健康发展的良好环境，提高造价工程师队伍的整体素质，树立行业的良好形象。

2

工程造价管理相关概念与
基本原理

【教学提示】

　　本章主要是通过讲解工程造价的概念及含义、工程造价及建设项目总投资的构成，进而使学生熟悉工程计价的概念、基本原理与方法，以及工程造价管理的概念、内容和基本原则等，以便为今后的工程造价专业课程学习打下坚实的基础。

2.1　工程造价的定义

《工程造价术语标准》GB/T 50875—2013 中对工程造价进行了定义：工程造价是指工程项目在建设期预计或实际支出的建设费用。

从工程造价的定义看，它包括四层含义：

（1）工程造价的管理对象是工程项目，该工程项目可大可小，大的时候可以是一个建设项目，其工程造价的具体指向是建设投资或固定资产投资；小的时候可以是一个单项工程、一个单位工程，也可以是一个分部工程或分项工程，其工程造价的具体指向是这部分工程的建设或建造费用。

（2）工程造价的费用计算范围是建设期，是指工程项目从投资决策开始到竣工投产这一工程建设时段所发生的费用。

（3）工程造价在工程交易或工程发承包前均是预期支出的费用，包括：投资决策阶段为投资估算，设计阶段为设计概算、施工图预算，发承包阶段为最高投标限价。这些均是估价，是预期费用。在工程交易以后则为实际费用，均应是实际核定的费用，该费用的增减一般要依据合同做出，包括工程交易时的合同价，施工阶段的工程结算，竣工阶段的竣工决算。因此，在市场经济体制下，应该把工程交易看成是一个工程价格的博弈时点，通过双方博弈，最终由市场形成工程价格，并以建设工程合同的形式载明合同价及其调整原则与方式。

（4）工程造价最终反映的是所需的建设费用或建造费用，不包括生产运营期的维护改造等各项费用，也不包括流动资金。

一直以来，关于工程造价的概念也多有争论。主要原因在于，工程造价管理既涵盖宏观层次的工程建设投资管理，也涵盖微观层次的工程项目费用管理，以及工程承包企业的成本管理，因此，在涵盖内容上自然也会有不同的理解。特别是在建设工程实施增值税后，虽然我国已经发布的文件明确规定，工程造价包括增值税，但是，仍有意见认为因增值税是价外税，工程价格不应该包含增值税。因不同的施工单位或计税方式不同，工程交易价格中的增值税也是不同的，所以增值税应计入建设项目总投资，但不应计入工程单价和工程造价。此外，一个建设项目因融资方式不同，建设期利息等资金筹措费用也会有较大差距，因此，在工程造价中剔除资金筹措费用，便于工程造价指标的分析比对，较好的做法是把资金筹措费用计入建设项目总投资，也不计入工程造价。因此，工程造价的构成是否应该包括建设期资金筹措费用和增值税，不能简单地以历史和文件、规定而论，这些还有待于进一步研究，但其目的是便于工程造价指标的积累，便于工程计价，便于技术经济分析与评价，便于与投资管理、税务管理、资产管理相契合，最终服务于工程造价的宏观管理与微观管理等。

2.2 工程造价的构成

2.2.1 建设项目总投资与工程造价

工程造价是建设项目总投资的重要组成。为了宏观管理或整个建设项目管理的需要，一般以建设项目总投资、固定资产投资等反映国家基本建设投资情况。建设项目总投资是为完成工程项目建设并达到使用要求或生产条件，在建设期内预计或实际投入的全部费用总和。

生产性建设项目总投资包括固定资产投资和流动资产投资两部分。非生产性建设项目总投资一般不需要流动资金。造价工程师考试辅导教材中，对我国现行建设项目总投资组成进行的分解如图 2-1 所示。

图 2-1　我国现行建设项目总投资构成图

按照造价工程师考试教材中的费用构成，工程造价包括建设投资和建设期利息两个部分。建设投资是为完成工程项目建设,在建设期内投入且形成现金流出的全部费用。建设投资包括工程费用、工程建设其他费和预备费三部分。

建设期利息主要是指在建设期内发生的债务资金利息，以及为工程项目筹措资金所发生的融资性费用。建设期利息不仅指债务资金的利息，还包括担保费、融资手续费等融资性费用，所以又称为建设期资金筹措费用。

工程造价是建设投资的最主要组成部分，也是工程造价管理和工程管理上的最主要研究对象。根据中国建设工程造价管理协会最新的《工程造价费用构成》研究成果，工程造价具体构成内容如图 2-2 所示。

2016 年 3 月 23 日，财政部、国家税务总局颁布《关于全面推开营业税改征增值税试点的通知》（财税〔2016〕36 号，以下简称《通知》），建筑业 2016 年 5 月 1 日开始

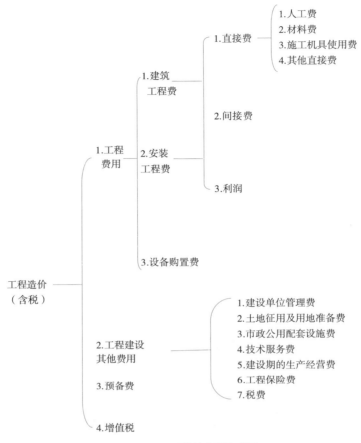

图 2-2　工程造价费用构成图

由缴纳营业税改为缴纳增值税，适用的增值税税率为 11%。2018 年，国务院实行减税措施降低为 10%。因营业税属于价内税，在营业税的背景下，工程造价理应包括营业税，而增值税属于价外税，且增值税可以与企业经营一并汇算缴纳，所以在增值税背景下，工程造价不包括增值税更为合理。但大多数人还不适应这一习惯，所以会有含税工程造价和不含税工程造价两种表述。

在开展《工程造价费用构成》研究时，对于工程造价是否应该包括增值税存在较大争议，本书对工程造价的构成以不含增值税进行表述。对于包括增值税的工程造价表述为工程造价（含税）。此外，对于工程造价是否应包括建设期利息也有较大争议，笔者认为，因不同融资方式，注册资金的多少对建设期利息有较大影响，为了保持工程造价的指标稳定性和可比性，应把建设期利息从工程造价中剔除。

关于建设项目投资的相关概念，除建设总投资、建设投资外，还有一个总资金的概念。总资金最早是用于核定基本建设投资规模时所使用的，包括固定资产投资和铺底流动资金，它一般在完成初步设计后，编制设计概算时核定。其中的铺底流动资金是指流动资金中建设单位自行筹措的那部分费用。

2.2.2 工程费用

工程费用是指建设期内直接用于工程建造、设备购置及其安装的建设投资，包括建筑工程费、安装工程费和设备购置费。

1. 建筑工程费与安装工程费的基本构成

建筑工程费是指为完成建筑物和构筑物的建造所需要的费用。安装工程费是指为完成工程项目的设备及其配套工程的安装、组装所需要的费用。建筑工程费和安装工程费在费用构成上基本一致，且其一般同时发包给施工单位，大家又习惯地把它们合在一起，称为建筑安装工程费。建筑工程费和安装工程费包括直接费、间接费和利润。

（1）直接费。直接费是指施工企业在施工过程中耗费的构成工程实体的费用，以及为完成工程项目施工发生于该工程施工前和施工过程中非工程实体项目的生产性费用。直接费包括人工费、材料费、施工机具使用费和其他直接费。

1）人工费是指直接从事建筑安装工程施工作业的生产工人的薪酬。人工费包括工资性收入、社会保险费、住房公积金、职工福利费、工会经费、职工教育经费及特殊情况下发生的薪酬等。目前，我国发布的定额人工费，因不包括规费，即五险一金等费用，普遍低于市场价，也产生较大争议。关于人工费的组成一直存在较大分歧，一种观点认为人工费是建筑安装工程施工作业的生产工人的实际所得，可以包括自己在工资中缴纳的五险一金等，但不应包括企业为职工缴纳的有关费用，企业缴纳的应纳入企业管理费；另一种观点认为应对应基本建设财务制度，即对应工资总额科目，包括企业为职工缴纳的有关费用，这样也便于与劳务分包费用保持一致。

2）材料费是指工程施工过程中耗费的各种原材料、半成品、构配件等的费用，包括材料原价、运杂费、运输损耗费、采购及保管费。

3）施工机具使用费是指施工作业所发生的施工机械、仪器仪表使用费或其租赁费，包括施工机械使用费和施工仪器仪表使用费，一般简称机械费。施工机械使用费由折旧费、检修费、维护费、安拆费、人工费、燃料动力费及其他费组成。施工仪器仪表使用费由折旧费、维护费、校验费和动力费组成。

4）其他直接费是指施工企业为完成工程施工而组织施工生产和经营管理所发生的管理性费用。其他直接费包括冬雨期施工增加费、夜间施工增加费、二次搬运费、检验试验费、工程定位复测费、工程点交费、场地清理费、特殊地区施工增加费、文明（绿色）施工费、施工现场环境保护费、临时设施费、工地转移费、已完工程及设备保护费、安全生产费等。

（2）间接费。间接费是指施工企业为完成工程施工而组织施工生产和经营管理所发生的管理性费用。间接费包括管理人员薪酬、办公费、差旅交通费、施工单位进退场费、非生产性固定资产使用费、信息管理系统购置运维费、工具用具使用费、劳动保护费、财务费、税金，以及其他管理性的费用。

（3）利润。是指施工单位从事建筑安装工程施工所获得的盈利。

2.设备购置费的构成

设备购置费是指购置和自制的达到固定资产标准的设备、工器具及生产家具所需的费用。这里所说的设备包括构成固定资产的机械和电气设备、仪器、仪表、车辆、通信设备等；达到固定资产标准的工具、器具、用具也计入设备购置费；生产性家具应计入设备费，而办公及生活家具一般计入工程建设其他费项下生产准备费。建设项目的设备购置以工艺设计为前提，直接服务于产品的产出，是固定资产投资中的最积极部分。

设备按照服务于生产设施还是建筑物，分为工艺设备和建筑设备；按照是否定型生产分为标准设备和非标准设备；按照制造国来源分为国产设备和进口设备。在计算设备购置费时，应同时考虑设备原价、设备运杂费，以及随设备订货的备品备件费。

上述内容是建筑工程费、设备购置费、安装工程费的一般构成。关于建筑工程费、设备购置费、安装工程费的分类，可遵循《建设工程计价设备材料划分标准》GB/T 50531-2009，但也不需要过于教条，一般按照专业工程的计价习惯来划分即可。如在工业项目上将为建筑物服务的本属于设备的空调、电梯、配电箱等建筑设备计入建筑工程费，其原因一是便于技术经济指标的分析，二是这些费用要随建筑物形成房屋权属下的固定资产。再如，金属储罐、容器，长输管道、电缆，达到一定规格、压力的阀门等工艺性主要材料一般纳入设备范围。

2.2.3　工程建设其他费用

工程建设其他费用是指建设期发生的与土地使用权取得、全部工程项目建设以及与未来生产经营有关的，除工程费用、预备费、增值税、建设期融资费用、流动资金以外的费用。工程建设其他费的主要特征，一是它在建设期支出；二是一般不计入某一单项工程中，而随整个建设项目而发生。

工程建设其他费用主要包括建设单位管理费、建设用地费、市政公用配套设施费、技术服务费、建设期计列的生产经营费和税费等。

（1）建设单位管理费。是指项目建设单位为组织完成工程项目建设从项目筹建之日起至办理竣工财务决算之日止发生的管理性质的支出。建设单位管理费包括工作人员薪酬及相关费用、办公费、办公场地租用费、差旅交通费、劳动保护费、工具用具使用费、固定资产使用费、招募生产工人费、技术图书资料费（含软件）、业务招待费、竣工验收费和其他管理性质开支。

（2）建设用地费。是指为获得工程项目建设土地的使用权与工程建设施工准备而在建设期内发生的各项费用。土地使用权的取得方式包括划拨方式、土地使用权出让方式和租用方式。以划拨方式取得土地使用权的要支付土地征用及迁移补偿费；以土地使用权出让方式取得土地使用权的要支付土地使用权出让金，并视项目具体情况考虑拆迁补偿费。以租用方式取得土地的，建设期发生的费用计入建设用地费，生产期的计入经营成本；工程建设期间，建设单位的临时设施建设发生的土地租用费用也计入建设用地费。建设期涉及土地复垦和森林植被恢复的，还需要考虑土地复垦及补偿费、森林植被恢复及补偿费。

（3）市政公用配套设施费。是指使用市政公用设施的工程项目，按照项目所在地政府有关规定建设或缴纳的市政公用设施建设配套费用。市政公用配套设施一般是界区外配套的水、电、路、信等，包括绿化、人防等缴纳的费用。

（4）技术服务费。是指在项目建设全部过程中委托第三方提供项目策划、技术咨询、勘察设计、项目管理和跟踪验收评估等技术服务发生的费用。技术服务费包括可行性研究费、专项评价费、勘察费、设计费、监理费、研究试验费、特殊设备安全监督检验费、监造费、招标投标费、设计评审费、信息管理集成费、技术经济标准使用费、工程造价咨询费及其他咨询费。

（5）建设期计列的生产经营费。是指为达到生产经营条件在建设期发生或将要发生的费用。建设期计列的生产经营费包括专利及专有技术使用费、联合试运转费、生产准备费等。

（6）税费。是指在建设期建设单位向政府缴纳的税金和行政事业性收费，包括土地使用税、耕地占用税、契税、车船税、印花税、工程保险费等。

上述费用中，大多可以通过委托服务合同协议要求确定；无合同或协议要求的，应按国家、各行业或工程所在地政府有关部门的规定或类似工程收费标准确定。数额较大且计算较为复杂的是建设用地费。

2.2.4 预备费

预备费是指在建设期内因各种不可预见因素的变化而预留的可能增加的费用，包括基本预备费和价差预备费。

（1）基本预备费。是指投资估算或工程概算阶段预留的，由于工程实施中不可预见的工程变更及洽商、一般自然灾害处理、地下障碍物处理、超规超限设备运输等而可能增加的费用，主要包括：考虑不足工程变更及洽商费用，即在批准的初步设计范围内，技术设计、施工图设计及施工过程中所增加的工程费用，包括设计变更、工程变更、材料代用、局部地基处理等增加的费用。不可预见的一般自然灾害处理费用，即一般自然灾害造成的损失和预防一般自然灾害所采取的措施费用。实行工程保险的工程项目，该费用可以适当降低。不可预见的地下障碍物处理的费用。可能发生超规超限设备运输增加的桥梁加固、道路改造、交通管制等费用。基本预备费应根据项目的设计深度、采用工程计价依据的精确度、与市场价格信息的贴近度，以及项目所属行业部门的规定等计算。

（2）价差预备费。是指为在建设期内利率、汇率或价格等因素的变化而预留的可能增加的费用。价差预备费应考虑人工、设备、材料、施工机具的价格因素可能引起的工程费用的调整，以及因利率、汇率因素变化可能引起的相关费用调整。价差预备费可以根据《建设工程造价咨询规范》GB/T 51095—2015 或《建设项目投资估算编审规程》CECA/GC1—2015 规定的公式计算。

2.3　工程计量的概念与含义

2.3.1　工程计量的概念与含义

工程计量也就是计算工程量，是指依据设计文件，按照标准规定的相关工程的工程量计算规则，对工程数量进行计算的活动。

工程计量是造价工程师在工程计价活动中的重点工作之一，英联邦国家的测量师体系的测量也就来自于此，关键是测算出工程的数量。工程计量实质上也包括两个方面，一般是指用于工程交易以及确定工程造价的需要的工程计量，它应是依据工程量清单计价规范和工程量计算规范、估算指标、概算定额、预算定额等规定进行计算的单项工程、单位工程、分部工程、分项工程的工程量。另外，从工程成本、工程施工组织和成本管理出发，计算的人工、材料、施工机械等要素消耗量，该消耗量一般要依据施工定额或预算定额等进行计算。准确的工程计量是工程计价的基础，也是工程精细管理、科学管理的需要。

2.3.2　工程量清单的概念与含义

工程量清单是指建设工程中载明项目名称、项目特征和工程数量的明细清单（表）。

工程量清单是工程交易内容的表现形式，或者说它是工程采购的一个明细单（表），发包人一般在招标文件中明示，投标人以此来进行投标报价，并最终作为建设工程施工合同的组成部分。所以，它应全面、准确地反映一个工程的工作量，这就要求它要载明项目名称、项目特征和工程数量。编制工程量清单要始终以便于工程交易、方便准确确定合同价格、避免工程造价纠纷为出发点，并非越详细越好。工程量清单项目划分的粗细要与设计深度保持一致，并应始终关注工程量较大或价值较高项目的准确工程计量。因此，在工程量清单项目分解上，对于价值不高的可以分解到单位工程、甚至是单项工程即可，对于价值较大的项目要分解到分部工程或分项工程（统称为分部分项工程）。

2.4　工程计价的概念、基本原理与方法

2.4.1　工程计价的概念

工程计价是指按照法律法规和标准规定的程序、方法和依据，对工程项目实施建设的各个阶段的工程造价及其构成内容进行预测和确定的行为。

工程计价是工程价值的货币表现，在市场经济体制下，它是工程建设各方关注的核心，因此，对工程计价要有严格要求。其具体含义包括：

（1）要按照法律法规和标准规定的程序、方法和依据，即方法要合乎法律、法规和标准的要求，程序正确、方法正确、依据正确。这里的工程计价依据，一般是指在工程计价活动中，所要依据的与工程计价内容、工程计价方法和要素价格相关的工程计量计价标准，工程计价定额及工程计价信息等；广义的工程计价依据还包括工程的设计文件、施工组织设计等。

（2）要对各阶段工程造价及其构成进行计算。各个阶段是指要随设计深度的不同进行多次工程计价，如方案设计阶段进行投资估算，初步设计阶段进行设计概算，招投标时要编制最高投标限价、投标报价，并以中标价确定合同价，工程完工后还要进行工程结算等。工程计价时不仅要计算出工程的总价，还要按相关标准的要求表现出其工程造价的费用构成，即各单项工程、单位工程的费用组成，以及单价的组成。

（3）工程计价定义中的预测和确定与工程造价的预计和实际的含义是一致的，即包括预测和确定的价格，工程交易合同签订前的估算、概算都是预测价格，其后均是确定的价格。

2.4.2 工程计价的特征

因建设项目可以在不同时点、不同地点建设，而且它是一个从抽象的概念、设计到具体实施，以致形成实体的过程，因此，工程计价具有以下特征：

（1）项目对象的单件性。每个建设项目或建筑产品都会因设计方案、建设时间、地点、技术条件而不同，因此，工程计价必须针对每项工程单独计算其工程造价。

（2）计价过程的多次性。工程项目需要按程序进行策划、设计、建设实施，工程计价也需要在不同阶段多次进行，不断深入与细化，以保证工程计价结果的准确性和工程造价管理的有效性。工程计价过程的多次性如图 2-3 所示。

（3）构成内容的组合性。一个建设项目可按单项工程、单位工程、分部工程、分项工程等进行多层级的分解，工程计价也是一个逐步组合的过程。工程造价的组合过程是从分部分项工程造价到单位工程造价，再到单项工程造价，以致工程费用，最后计算工程建设其他费用，预备费，汇总到建设投资，再考虑到建设期利息等，计算建设项目的总投资。

（4）计价方法的多样性。因工程项目的多次计价，在不同阶段有其各不相同的计价依据，每次计价的精确度要求也各不相同，由此决定了计价方法的多样性。例如，投资估算有指标估算法、生产能力指数法，预算有单价法和实物量法等。

（5）计价依据的复杂性。工程计价的准确性主要来自工程计量的准确性和计价依据的可靠性，而影响工程造价的因素较多，这就决定了工程造价管理标准、工程计价定额、工程计价信息等工程计价依据的复杂性。

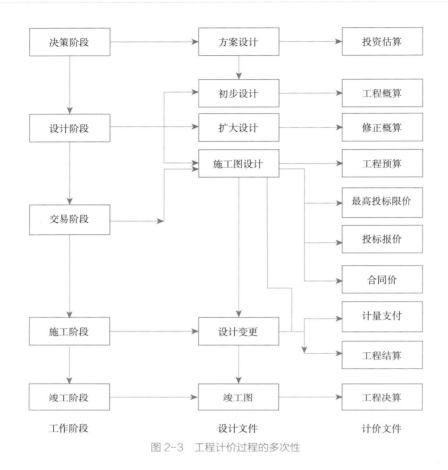

图 2-3　工程计价过程的多次性

2.4.3　工程计价基本原理

工程计价有赖于工程造价的基本构成。从工程造价管理的角度，工程计价要从估算到工程结算的各个阶段分阶段计价。工程造价的构成包括总体构成和分部构成，因此就要做好各部分和整体的投资控制，要进行分部计价，最终形成整体。

1. 工程计价的步骤

（1）分阶段计价

工程建设是一个从抽象到具体的过程，所谓的抽象是我们在规划和设计阶段是一个拟建的工程项目，它抽象在我们的脑海里和图纸上，在工程交易后，承包商根据图纸进行施工，建设成工程实体，最终建成后交付给发包人或建设单位。其对应的工程计价也要经历从工程估价到工程实际价格的一系列工作。

在工程决策阶段，要编制项目建议书和可行性研究报告，这个阶段要进行投资估算，以便确定投资规模。然后进行初步设计、施工图设计，在这个阶段要编制工程设计概算和施工图预算，以便确定工程设计在经济上的合理性，控制工程设计。接下来是工程交易，这个阶段编制的工程量清单和招标控制价，以及投标人的投标报价，都是在围绕工程量清单这一工程的工作量、项目特征、标准等进行工程价格的博弈，最终确定中标单位和中标价，形成工程交易价格，并以合同的形式形成契约，加以控制和约束。其后的工程付款和工程结算要依据合同进行确定与调整。最终建设单位依据实际发生的应计入工程的费用，进行工程决算，形成资产。

因此，工程计价是一个分阶段进行，并且是一个从抽象到实际、从粗到细的工程过程，其工程计价的准确性，一是取决于设计深度；二是工程量计算的准确性；三是工程计价依据的正确性和准确性。但仅工程计价的准确还不够，为了达到质量、工期、安全等其他建设目标，进行投资控制，确保投资效益，还需要对一系列活动进行工程造价管理。

（2）分部组合计价

确定建设项目工程造价的关键是确定工程费用，即建筑工程费、设备购置费和安装工程费，然后以工程费用为基础计算或依据合同计列工程建设其他费，再以工程费用和工程建设其他费为基数计算预备费。在计算工程费用时，设备购置费的计算是依据设计图纸按系统或汇总的设备购置清单来确定，设备购置费，一般通过询价或类似工程的设备费用来确定，相对比较容易，复杂的是计算建筑安装工程费。

建筑安装工程费的计价方法是多样的，在一个建设项目还没有具体的设计方案，以及不能提出或者估算出工程量清单时，往往利用产出的函数关系，各项费用之间的比例关系对建设项目投资进行粗略的投资估算，如投资估算的生产能力指数法、比例估算法、系数估算法。这些方法难以体现项目的单件性的特点，因为工程造价与建设规模并不呈线性关系，尽管可以考虑修正因素，但是，往往难以考虑建设标准、附属设施、外部条件等因素。造价工程师如果没有丰富的实践经验，往往难以把握，会产生较大误差，误差率有的高达30%。因此，工程计价最适宜和最准确的方法均应采用分部组合计价来计算建筑安装工程费。

分部组合计价就是将工程项目分解到能准确计量的最小单元，然后开始按相应的工程量计算规则计算该类项目的工程量，并依据当时当地的单价，计算该最小单元工程项目的工程造价，然后按照单位工程、单项工程、建设项目逐级组合、汇总。在某一阶段，工程计价的准确性取决于项目的设计深度、项目分解的合理性和工程计价依据的准确性。

2. 工程造价的总体构成与分部构成

（1）总体构成

工程造价的总体构成是指针对建设项目的工程造价而言，从建设项目角度看工程造价的总体构成，包括工程费用、工程建设其他费用，以及在工程估价阶段需要考虑的预备费。其中工程费用包括建筑工程费用，设备购置费用，安装工程费用。这些费用要经过汇总来进行计算。

（2）分部构成

工程造价的分部构成是指相对建设项目总体构成而言，构成建设项目组成的单项工程费用、单位工程费用、分部工程费用或分项工程费用等，以及工程建设其他费用构成中的某项费用，如勘察设计费、项目联合试运转费用等。这些费用可以从下一级的构成汇总，也可以以工程量与其相应的综合单价乘积来计算。

3. 工程计价的基本公式

根据工程造价的总体构成，分部构成，以及工程计价分部组合方式的步骤，工程计价的基本原理可以通过下面几个公式分别表达。

（1）工程造价总体构成的基本公式

工程造价总体构成的基本公式可以表达为：

$$C=X+E+R \tag{2-1}$$

式中　C——工程造价；

　　　X——工程费用；

　　　E——工程建设其他费；

　　　R——预备费。

（2）工程造价分部构成的基本公式

工程费用是计算建设项目工程造价的基础，也是工程计价最核心的内容。工程费用的计算公式可以表达为：

$$X=\sum_{i=1}^{l}\sum_{j=0}^{m}\sum_{k=0}^{n}Q_{ijk}P_{ijk}+\sum_{r=0}^{v}H_r \tag{2-2}$$

式中　Q_{ijk}——第 i 个单项工程中第 j 个单位工程中第 k 个分部分项项目的建筑、安装或设备工程量，$i=1,2,\cdots,l$；$j=0,1,2,\cdots,m$；$k=0,1,2,\cdots,n$；

　　　P_{ijk}——综合单价，$i=1,2,\cdots,l$；$j=0,1,2,\cdots,m$；$k=0,1,2,\cdots,n$；

　　　H_r——措施项目费，$r=0,1,2,\cdots,v$。

公式明确了工程费用的基本计算原理，建筑工程费、安装工程费，以至于设备购置费均可表现为工程量乘以相应的综合单价。此外，还要计算工程施工中的不构成工程实体和综合使用的措施费。

式中，$i=1,2,\cdots,l$ 表示一个建设项目最少为一个单项工程；$j=0,1,2,\cdots,m$；$k=0,1,2,\cdots,n$；$r=0,1,2,\cdots,v$ 则表示可以是零个或若干个单位工程、分部分项工程、措施项目，零个表示可以直接进行其上一级工程计价并汇总。

分部组合计价重点是工程实体项目的计价，分为工程计量和工程计价两个环节。上面的公式中，计算工程量是重要的一环。一般按工程量清单计价规范和工程量计算规范、估算指标、概算定额、预算定额等进行计算单项工程、单位工程分部分项工程量。

措施项目费（H_r）分成三类。第一类是与实体工程量密切相关的项目，如混凝土模板，它随实体工程的工程量而变化，一是可以把它的费用计入实体工程费用，即实体工程综合单价包括其费用；二是单独列项计算其费用。第二类是独立性的措施费，如土方施工需要的护坡工程、降水工程，该类费用应以措施方案的设计文件为依据进行计算。第三类是综合取定的措施项目费，如工程项目整体考虑和使用的安全文明施工费，该类费用一般以人、材、机费用的合价为基数乘以类似工程的费率进行计算。

（3）工程单价的基本公式

接下来，更为复杂的工作是确定综合单价。在综合单价确定上，我国一直沿用传统的定额进行组价，即成本法。综合单价的成本法，即根据定额的人材机要素消耗量和工程造价管理机构发布的价格信息或市场价格、费用定额等来计算综合单价。

综合单价的计算可用以下公式表示：

$$P_{ijk}=DP_1+TP_2+MP_3+X+Y \tag{2-3}$$

式中　　　　D——人工消耗量；

　　　　　　T——材料消耗量；

　　　　　　M——施工机具机械消耗量；

P_1、P_2、P_3——人工工日单价、材料单价、施工机具机械台班单价；

　　　　　　X——企业管理费；

　　　　　　Y——利润。

目前，国际工程中的综合单价多为完全综合单价。我国的《建设工程工程量清单计价规范》GB 50500—2018 中的综合单价为不包括规费和税金在内的非完全综合单价。我国的投资估算指标和概算指标一般为完全综合单价。概算定额、预算定额一般为人工、材料、机械组成的工料单价，要在工程量乘工料单价后进行汇总形成工料总价，并以此为基础计算管理费和利润。

2.4.4　工程计价的基本方法

在工程计价时，传统的工程计价方法，根据采用的单价内容和计算程序不同，主要分为项目单价法和实物量法，项目单价法又分为定额计价法（工料单价法）和工程量清单计价法（综合单价法）。

1. 项目单价法

（1）定额计价法。首先依据相应工程计价定额的工程量计算规则计算项目的工程量，然后依据计价定额的人工、材料、施工机具的要素消耗量和单价，计算各个项目的定额直接费，然后再计算定额直接费合价，最后再按照相应的取费程序计算其他直接费、管理费、利润、税金等费用，最后逐级汇总形成工程造价。无论何种工程计价，基本步骤一般包括：收集资料、熟悉设计文件和工程现场、计算工程量、依据定额确定项目单价、计算相关费用并汇总、编写编制说明等。

（2）工程量清单计价法。首先依据《建设工程工程量清单计价规范》GB 50500—

2018，以及其相应的工程量计算规范规定工程量计算规则计算清单工程量，并根据相应的工程计价依据或市场交易价格确定综合单价，然后用工程量乘以综合单价，得到该工程量清单项目的合价及人工费，并以该合价或人工费为基础计算应综合计取的措施项目费，以及规费等，最后逐级汇总形成工程造价。工程量清单的综合单价按照单价的构成可分为完全综合单价和非完全综合单价，我们现行的《建设工程工程量清单计价规范》GB 50500—2018 属于非完全综合单价，当把规费和税金（增值税实施后，税金不宜再纳入工程单价）计入综合单价后即形成完全综合单价。工程量清单单价法因使用的是综合单价，一般又称综合单价法。

工程量清单计价法的程序和方法与定额计价法是基本一致，因为从本质上看定额的项目划分也可以看成是一个更细的工程量清单。它们的主要区别在于：

1）项目划分的粗细程度不同。它们在工程量计算上，项目划分的不同，一般而言工程量清单的项目会更综合，如我们目前基于施工图阶段进行工程招标的工程量清单计价的项目比预算定额会更综合。

2）单价的构成不同。定额计价法的基本单价是基于工料单价，然后计取费用，工程量清单单价法是基于综合单价，每个工程量清单项目的单价不仅综合了一个或几个子目的工料机费用，而且包括了管理费、利润。从该单价的确定方式看，本质上存在成本法和市场法两种方式，我们习惯通过预算定额及其有关费用定额来编制单价分析表，确定的综合单价，其基本构成是人工费、材料费、施工机械使用费、管理费和利润，从其根本性质看是成本法；在国际工程上其综合单价是在考虑企业成本与市场价格的情况下来进行确定，无需结合有关规定进行综合单价分析，以体现竞争性，其本质上体现的是市场价格，即市场法。

3）汇总工程造价的程序不同。工程量清单计价是在完成工程量计算、综合单价确定，计算分部分项工程费用，然后计算按项进行计价的措施项目费，最后计算综合确定的措施项目费、其他项目费、规费和税金。

2. 实物量法

实物法是首先依据相应工程量计算规范规定工程量计算规则计算实物工程量，然后套用相应的实物量消耗定额，计算单项工程或整个工程的实物量消耗。然后根据当时、当地的人工、材料、施工机械的价格计算工程成本，然后计算应分摊现场经费、项目管理费和企业管理费，最后计算企业利润。当然，使用实物量法也可以将现场经费、项目管理费、企业管理费、企业利润等分摊到各个实物工程量子目，以综合单价形式进行表示。

随着 BIM 技术的应用，实物量法越来越受到关注，一是 BIM 和计算机技术的应用可以快速计算出工程的实物量，二是随着建筑装配化和精益建造的推进，结合现代信息技术可以直接进行工程构件和部件的计算，且这些构件和部件的装配化施工也决定了工程最基本单元的价格，因此实物法的优势会越来越凸显。

单价法计价可分为工程计量和工程计价两个环节。

（1）工程计量。首先要根据设计深度和所采用的工程计价依据确定单位工程基本构造单元的组成，即划分分部分项工程项目。如方案设计阶段的投资估算时可划分为基础工程、结构工程、装饰工程、幕墙工程、电气工程、给排水工程、通风空调工程等，确定其主要工程量；初步设计阶段编制工程概算时，要按照概算定额或概算指标的项目划分，划分到扩大的分部分项工程量，如土建工程的钢筋工程量、混凝土工程量、砌体工程量、主要装饰工程量等；在施工图设计阶段的进行工程量清单计价是则要依据《建设工程工程量清单计价规范》及其相应工程量计算规范的规定划分为分部分项工程，如乳胶漆墙面、实木地板、复合地板、大理石地面、釉面砖地面等。该阶段的工程预算则要依据预算定额的项目划分，划分为更为详细的分项工程，如乳胶漆墙面的基层处理、刮腻子、乳胶漆面层。

（2）工程计价。工程计价包括工程单价的确定和总价的计算。工程单价是指完成单位工程基本构造单元的工程量所需要的基本费用。工程单价要依据相应的工程计价方法和依据，包括估算指标、概算指标、概算定额、预算定额，以及相应的费用定额等来进行确定。工程总价则是按照规定的程序或办法逐级汇总形成的相应工程造价。

2.4.5 工程单价的形成机理

一直以来，我国沿用计划经济体制下的定额管理体系：使用工程造价管理机构发布的投资估算指标编制投资估算；使用工程造价管理机构发布的概算指标或概算定额编制设计概算；使用工程造价管理机构发布的预算定额编制工程预算或最高投标限价；应该使用施工企业自行制定的施工定额进行投标报价和工料组织，但因最高投标限价制度，施工企业要参照最高投标限价进行报价，因此也往往依靠工程造价管理机构发布的预算定额进行报价，在企业施工定额的建设方面明显不足。工程计价定额的应用如图 2-4 所示。

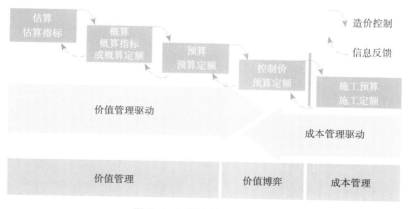

图 2-4　工程计价定额的应用

从图 2-4 看，从投资估算、设计概算到工程预算、招标控制价，再到施工预算，是一个工程造价控制的过程，即估算控制概算，概算控制预算。从工程计价定额的形成编制要求来看，预算定额应依赖于施工定额，概算定额应依赖于预算定额，估算指标要依赖于概算定额或概算指标。对建设单位而言，从估算到最高投标限价，以及最终形成合同价格，是以投资者的价值管理为目的的价值驱动，而施工企业是以利润追求为目的的成本驱动，双方在工程交易阶段进行工程价格的博弈。在市场经济体制下，正因为发（建设单位）承（施工单位）包双方的价格博弈，使得施工成本信息难以形成真实、顺畅的反馈，因而工程造价管理机构依靠施工企业上报的成本信息也就出现了严重的失真，这使得建设工程预算定额的编制质量也难以保证，并且也将严重影响概算定额、概算指标和投资估算指标。更严重的是，使得投资方与工程造价咨询企业过于依赖工程造价管理机构发布的定额，造成了价值管理能力的下降与失真。

目前，我国大多数企业仍然依赖工程造价管理机构发布的工程计价定额进行工程计价。管好工程造价的前提是工程计价依据使用正确，工程计价依据的核心是解决工程单价问题。随着我国市场化改革的进一步深入，我们应逐步改变传统的惯性思维，分别应用成本法、市场法和类似工程指标法确定不同阶段的工程单价，进行工程计价。我国的投资管理部门、工程建设部门、财政部门、审计部门、仲裁和司法部门以及工程造价管理机构，因过于依赖工程造价管理机构发布的工程计价定额进行工程计价，普遍缺乏对工程计价依据建设的动力，也没有针对市场经济体制深入开展工程计价、特别是工程单价形成机理的研究。笔者通过研究认为，在市场经济体制下，工程单价的形成机理与各阶段工程计价方法如图 2-5 所示。

图 2-5　工程单价的形成机理

1. 工程估价——类似工程修正法

在工程决策和设计阶段，使用统一的工程定额或指标往往使个性化的工程进行估价时偏差较大，应对标类似工程，按照标杆管理的原理采用类似工程修正法。如：拟建一个五星级酒店，往往选择一个类似的酒店作为标杆进行对标；建设一个三甲医院，一定选择一个类似规模的三甲医院进行参照。参照其技术经济指标进行工程估价，针对拟建工程与类似工程不一样的地方，参照其他工程进行局部修正和调整，以确定拟建工程的投资估算和工程概算。因此，在工程估价阶段，应尽可能选择类似工程，使用类似工程造价指标进行工程估价。

同时，进行工程决策与工程设计不仅仅要关注工程造价的指标，如某五星级酒店每平方米造价多少，总的工程造价多少，结构工程多少，电气工程多少。最重要的是，要首先进行需要确定，关注技术指标，如套房多少间，标准间多少间，要多少个会议室、面积是多少，要几个餐厅、餐厅面积是多少，配套的厨房面积是多少，各个部位装饰标准如何确定，费用如何进行合理分解等。只有充分确定了这些功能需要、建设标准和技术指标，其工程造价指标才具有可比性、真实性，其结果才会符合预期。靠建设工程统一的、不细分类别、不考虑功能需要的估算指标，是做不好投资估算的。不同项目、不同标准、不同建筑形式的投资估算指标并不相同，因此，工程造价咨询企业与造价工程师要更多地积累、分析已经建设完成的工程实例，形成典型工程数据库，不仅要掌握工程造价指标，还要全面分析其他技术经济指标，唯有这样，才能不断地积累工程实践经验与数据，提升项目价值服务的能力。

2. 工程交易价格——市场法

2001年，我国加入关税及贸易总协定，确立了市场经济体制。2003年，我国正式推出《建设工程工程量清单计价规范》GB 50500—2003，目的是以法律、法规、标准、规则、计价定额、价格信息等计价依据规范各方的行为，调整各自的利益，使工程造价符合市场实际和价格运行机制，实现工程价格属性从政府指导价向市场调节价为主的调整，促进通过市场竞争形成工程价格，促进技术进步和管理水平的提高。2008年，在该规范修订时，又引入了招标控制价（最高投标限价）制度，要求国有投资项目要编制最高投标限价，根据规范要求，要依据政府发布的工程计价定额确定最高投标限价。尽管规范要求投标人自主报价，但是，大多数投标人要参照最高投标限价进行投标报价，这就间接地使得政府定额的作用明显失当，扭曲了市场价格，限制了市场竞争。

工程量清单对应的综合单价应承载的是市场价格，因此，在工程交易阶段应以投标人的管理水平，结合具体项目的实际情况，来形成具有竞争力的市场价格，并直接反映综合单价。因此，投标人应不受其他任何影响，参照企业自身的预测成本、拟建项目的实际情况、竞争情况、市场价格等因素，直接确定综合单价，进行投标报价，也没有必要要求企业对其综合单价中的工料机消耗进行分析，以便使工程交易价格反映市场实际，体现竞争性，通过市场竞争促进企业技术水平和管理水平不断提高。因此，交易阶段的工程价格应来自于交易市场，使用市场法。

3. 施工成本——成本法

多年来，无论是工程交易，还是工程概算、工程预算、施工预算，一直依赖工程计价定额进行工程计价，而工程计价定额的构成是人工费、材料费、施工机械使用费，然后计算定额直接费，最后计算其他直接费、管理费和利润等。这显然是依据施工企业的成本进行的计算，其本质是成本法。

在项目的实施阶段，对建设单位而言，是按时支付工程款，并进行风险管理；对施工企业而言，就是做好成本管理。做好成本管理的前提是首先做好工料计划，依照类似工程的施工经验、企业定额，针对每一个工序掌握其真实的人工、材料和机械消耗，做好劳务分包或劳务计划，进行材料和设备采购、供应，让人工、材料、施工机械适时进场。目前，我国的工程施工成本管理仍然不够精细，以包代管现象十分严重，粗放经营。建筑施工企业应认真学习和借鉴制造业的先进管理手段和方法，依靠真实的企业定额，充分利用信息化的手段，做好供应链管理资金流管理，以降低工程成本，提升投标的竞争能力和项目实施的盈利能力。

随着现代的数字信息技术的发展，数字建造（智慧建造）将会在建筑业带来革命性的发展，工程造价管理要适应信息化的发展要求。要充分利用现代信息技术的实现精准工程计价与价值管理，这些将在第 7 章进一步阐述。

2.5　工程造价管理的概念及要求

2.5.1　工程造价管理的概念与含义

工程造价管理是指综合运用管理学、经济学和工程技术等方面的知识与技能，对工程造价进行预测、计划、控制、核算、分析和评价等的过程。

工程造价管理既涵盖宏观层次的工程建设投资管理，也涵盖微观层次的工程项目成本或费用管理。工程造价的宏观管理是指政府部门根据社会经济发展需求，利用法律、经济和行政等手段规范市场主体的价格行为、监控工程造价的系统活动。工程造价的微观管理是指工程参建主体根据工程计价依据和市场价格信息等预测、计划、控制、核算、分析和评价工程造价的系统活动。

（1）工程造价的预测。是指在项目实施前对项目工程造价要进行估价，估算建设项目的工程造价及其构成，以及资金筹措费用、流动资金等；同时，也要分析建设期可能产生的价格变动情况，测算基本预备费和价差预备费等。

（2）工程造价的计划。是指从投资者的角度针对工程建设投资作出整体融资计划，对年度资金使用计划、月或季度工程进度款作出安排；从承包商的角度作出工程实施中的工料机投入计划，成本管理计划，资金投入计划等。

（3）工程造价的控制。是指从投资者的角度要按照确定的投资或工程造价目标来控制，确保按照确定的投资目标来实现投资和设计意图，在计划工期内达到建设标准、建设规模、工程质量等，避免超投资的现象发生；从承包商的角度则是工程成本控制，在计划工期内完成施工任务，以期达到或超过计划时的利润。工程造价的核算是指在工程实施时或实施完成后，对已经实施的工程进行工程计量和费用核算，以此作为拨付工程款、进行工程结算和竣工决算的依据，并最终形成相应资产。工程造价的控制是工程造价管理的最主要内容。

（4）工程造价的分析。从投资者的角度在决策和设计阶段就是对决策和设计方案在经济上的合理性进行分析，进行方案比选和优化设计；从承包商的角度就是对施工方案经济上的合理性进行分析，在保证工程质量、安全和工期的前提下，尽可能地通过优化施工组织、措施方案来降低工程成本。工程造价的分析应贯穿于工程建设的各个阶段。

（5）工程造价的评价。一般是指在项目决策时对项目的预期效果作出的系统分析、评估，以及在项目建成后对于项目预计的建设投资、建设效果所作出的后评价等。

2.5.2　工程造价管理的主要内容

在工程建设全过程的各个不同阶段，工程造价管理有着不同的工作内容，其目的是在优化设计方案、施工方案的基础上，有效控制建设工程项目的实际费用支出。

1. 决策阶段

按照拟订的建设方案和方案设计，确定项目的主要功能需求、建设标准、建设规模、建设地点、建设时间。依据投资管理部门和建设行政主管部门的有关规定，提出资金筹措方案，编制和审核建设项目投资估算，作为拟建项目工程造价的控制目标。根据投资估算以及主要建设方案、设计文件，进行项目的经济评价，然后基于不同的投资方案进行方案比选与优化，对项目实施的可行性进行研究与论证。

2. 设计阶段

要落实好决策阶段可行性研究所确定的功能需求、建设标准、建设规模、投资控制目标等，严格把握设计任务书，分解设计任务，做好设计管理。在批准或计划的限额之内进行初步设计，编制工程概算，通过方案比选、价值工程、技术经济分析等手段分析项目设计和投资分解的合理性，协助设计单位进行建设项目的设计优化，并以此确定每个单项工程的具体技术方案、主要装备等。对于政府投资工程而言，将批准的工程概算作为拟建工程项目造价控制的最高限额。在扩大初步设计或施工图设计完成后，依据常规或拟订的施工组织设计等，编制修正概算和施工图预算。

3. 交易阶段

目前，我国大多数工程建设项目以施工图设计为技术基础进行工程施工发包。建设单位要在施工图设计完成后，进行标段的合理划分和招标策划；然后依据施工图和拟订的招标文件编制工程量清单、最高投标限价。投标单位应依据招标文件确定投标策略，依据自身测算的工程成本和项目竞争情况进行投标报价。建设单位依据投标报价、施工方案择优选择中标人，并依据其投标报价确定合同价，签订工程施工承包合同。

对于实施工程总承包的工程，可以在初步设计完成后，依据初步设计图纸编制工程量清单和最高投标限价，并依据中标人的投标报价确定合同价，签订工程总承包合同；

也可以依据方案设计确定的建设标准、建设规模、生产工艺、主要装备、建筑特征等进行工程总承包招标。

4. 工程施工阶段

工程实施阶段的主要工作是依据工程进度进行工程计量及工程款支付管理，对工程费用进行动态监控，处理工程变更和索赔，编制和审核工程结算。要加强合同履约管理，关注施工总承包与专业分包施工界面的划分；要重点做好施工合同中暂估价设备材料的价格、暂估项工程价格或工程造价的确定，要重点关注设备、材料采购的品种规格是否与设计和投标报价相符合，是否存在增加数量、提高标准的现象；要关注施工过程中发生的设计变更、工程洽商等事项的合理性、必要性；积极处理工程索赔和工程造价纠纷；建立工程款支付台账或图表，进行投资偏差分析与偏差控制。

5. 工程竣工阶段

进行工程的竣工结算和财务决算，处理工程保修费用，完成固定资产交付，做好项目验收。对于政府投资项目还要进行工程审计、项目投资的绩效评价，以及建设项目后评价等工作。

2.5.3　工程造价管理的主体

工程造价管理是工程管理的最主要内容，是各方关注的焦点，涉及工程建设的参与各方，包括政府有关部门，事业单位和行业协会，投资人或建设单位，承包商或施工单位，设计和咨询企业等。

（1）政府主管部门。主要是法律法规和标准的制定，造价工程师和工程造价咨询业的行政许可事务，工程造价咨询业的市场监管与公共服务等。

（2）行业协会和事业单位（工程造价管理机构）。一是协助政府主管部门提出行业立法的建议，协助相关制度建设，起草行业标准；二是协助政府部门做好工程计价定额、工程计价信息等公共服务，发布行业有关资讯、动态；三是反映造价工程师和工程造价咨询企业诉求，研究和制定行业发展战略，起草行业发展规划，进行职业教育、人才培养，指导工程造价专业学科建设，引导行业可持续发展，开展国家交流和会员服务等。

（3）投资人或建设单位。投资人关注的是整个建设项目的整体目标，包括投资控制目标的实现，建设项目的合法合规性、技术的先进性、经济的合理性等；对于投资人而言，一般还要从投资控制、资金的使用绩效等角度进行工程造价审计。

（4）承包商或施工单位。承包商和施工单位是在工程承发包阶段预测工程成本，制定投标策略，进行投标报价；在工程施工阶段，则是按计划组织工程的具体实施，有效实施工料机组织，在合同工期内完成工程实体建设，达到设计目标，管控好工程成本。

（5）设计单位。设计单位是通过图纸的不断深化，最终做出具体的设计实施方案，实现建设单位的设计意图和建设目标，并通过工程概算和施工图预算等控制工程造价，进行设计优化等。

（6）工程造价咨询企业。咨询人主要是服务于投资人或建设单位，进行工程建设各阶段的工程计量与计价，进行建设项目的方案比选与设计优化等价值管理和经济评价，进行建设工程合同价款的分析、确定与调整，进行工程结算审核与工程审计等；接受仲裁机构或法院委托进行工程造价鉴定、工程经济纠纷调解等；也可以服务于承包人或施工单位，进行建设工程的工料分析、计划、组织与成本管理等。

2.5.4　工程造价管理的基本原则

建设项目工程造价管理的目的是依据国家有关法律、法规和有关行政主管部门的相关规定，让工程建设各方主动参与工程造价管理工作，实现整个建设项目工程造价的合理确定、有效控制与必要调整，缩小投资偏差，控制投资风险，确保工程造价控制目标和投资期望的实现。为了实现上述目的，工程造价的有效管理应坚持以下五个原则。

（1）强化决策和设计阶段的工程造价管理。工程造价管理贯穿于工程建设的始终，但是工程造价管理的关键在于前期决策和设计阶段。造价工程师在决策和设计阶段要积极发挥在工程经济方面的优势，利用技术经济指标发挥工程参谋及工程造价控制的作用。

决策阶段重点解决的是建设方案：包括建设标准、建设地点、建设规模、主要工艺方案、主要设备选型、建设投资等。造价工程师一要依据类似工程的投资估算指标或资料，对不同的建设方案做好投资估算、融资分析；二要通过以建设工程全寿命期费用分析，进行项目经济评价；最后对方案比选的结论及方案改进提出意见和建议。

在项目投资决策后，控制工程造价的关键就在于设计，它是确定投资实施的最后一环，对建设项目的建设质量、工期、造价、安全以及在建成后能否发挥好经济效果具有决定性的作用。设计的目的是对建设工程实施的具体方案进行全面的安排。民用建筑主要是建筑设计，建筑设计是根据房屋的使用功能或建筑设备的要求，表现建筑的外形、空间布置、结构方案以及建筑群体的组成、周围环境关系等。工业项目主要是工艺设计，工艺设计要体现建设项目的产品质量、规模等总体要求，要合理选择生产工艺，确定设备的选型和工艺流程。设计对工程造价的影响是最大的，造价工程师在设计阶段，一是要依据设计文件做好工程概算和施工图预算，准确把握建设项目的工程造价；二是要依据类似工程指标对不同的工艺、设备选型、建筑形式等进行指标分析；最后依据有关数据对设计方案提出优化设计的意见和建议。

（2）强化工程造价的主动控制。目前，大多数造价工程师还是把控制理解为目标值与实际值的比较分析，以及当实际值偏离目标值时，分析其产生偏差的原因，并确定下一步对策。但这种立足于调查—分析—决策基础之上的偏离—纠偏—再偏离—再纠偏的控制仍是一种被动控制，这样做只能发现偏离，不能预防可能发生的偏离。为尽量减少甚至避免目标值与实际值的偏离，还必须立足于事先主动采取控制措施，实施主动控制。也就是说，工程造价控制不仅要反映投资决策，反映设计、发包和施工，被动地控制工程造价，更要主动地影响投资决策，影响工程设计、发包和施工，主动地控制工程造价。

（3）强化技术与管理、经济相结合。为了有效地控制工程造价，应从管理、技术、经济等多方面采取措施。从工程组织与管理上，包括明确项目组织结构，明确造价工程师的任务，明确工程建设项目各方主体的管理职责与分工，形成合力，共同做好工程项目管理和工程造价管理。从技术上要主动采取相应措施，包括技术、经济、管理的多方参与，进行方案设计的选择、优化与确定，严格初步设计、技术设计、施工图设计、施工组织设计审查与设计交底，严格控制工程变更，深入研究降低工程投资、提升工程价值的可能性。从经济上要加强动态管理，包括动态比较工程造价的计划值与实际值，严格审核各项工程造价，做好投资计划，合理及时地确保费用支出，风险事件出现时，应积极主动处理，避免因风险事件带来损失扩大，积极采取对节约投资、缩短工期的奖励措施，优化施工方案等。

（4）强化工程合同管理，把合同作为管控工程造价的主要手段。对工程合同实行有效管理，正确界定合同实施范围，合理选择合同类型，分解投资风险，是确保工程造价控制和投资效益的关键环节。要聘请具有同类工程经验的管理公司工程项目管理团队或工程咨询企业进行全面的合同策划和任务分解，将工程任务以合同的方式授予最胜任该项工程、最能承担风险，且成本较低的企业。对于工程设计，要首先通过设计招标和竞争性谈判等形式，将设计合同授予主体设计单位，同时，为了提升工作效率和质量，可以将特定的专业工程和附属工程分解给其他的设计单位。要按照基本建设程序和法律法规的要求，通过招标形式选定工程承包商、设备及主要材料供应商，分别签订施工总承包合同、专业分包合同、设备及材料订货合同，并做好合同工程工作的界面划分、配合责任划分。在合同类型选择上，应针对工程类别、建设工期、风险因素选择合同类型，如对于土方工程、桩基工程、消防工程、燃气工程等尽量采用总价方式计价的合同，对于主体工程、装饰工程、设备及材料采购等可采用单价方式计价的合同。此外，对于合同的变更、合同价款的调整、风险范围等内容，应参照类似工程或行业惯例予以约定，在合同中载明。

（5）强化计算机技术的应用与信息管理。随着工程建设项目越来越庞大、复杂，以及计算机和信息技术的发展，在工程造价管理的手段上也越来越离不开计算机和信息技术。信息管理应包括工程造价信息数据库建立、工程造价软件使用及咨询企业管理系统的建设，利用计算机及网络通信技术为工程造价全过程信息化管理服务。建设单位要自行建立或委托工程咨询企业建立完善的工程项目管理系统，项目管理系统针对各类工程合同管理、业务成果、价款支付、工程进度质量等核心管理要素，进行有效的业务管理。工程建设的参与各方也应遵循统一化、标准化、网络化的原则，在工程项目各阶段有效地应用工程项目管理软件和工程造价管理软件（主要包括：基础数据管理软件，工程项目估算、概算、预（结）算、工程量清单编审软件，招投标管理软件，全过程工程造价控制与价款支付管理软件等），确保信息的高效贯通、交互、共享贯穿建设工程项目的全过程，高效、及时地处理工程造价信息，并应用于工程造价的确定、审核及成本分析等环节。

3

我国工程造价专业的发展概况

【教学提示】

本章通过对我国工程造价专业发展历程的回顾，介绍我国的工程造价管理制度，并着重对造价工程师职业资格制度和工程造价咨询制度进行阐释，同时，分析我国工程造价管理存在的问题和改革发展方向。

3.1   工程造价专业的发展历程

3.1.1   工程造价管理的历史传承

建筑是人类最基本的生活、生产活动。工程造价既伴随着建筑的产生而存在，又适应着经济和建筑技术的发展而发展。中国古代具有非常科学和完善的工程造价管理制度，我们也一直在传承与发展这一灿烂文化。

中国古代，历朝都有掌管营造的官署和吏员，其管理制度称为工官制度，相应的部门多称为工部。有资料记载的工官制度始于西周时期，自此各朝代都沿袭这种制度，负责管理宫殿、陵寝、坛场、祠庙等国家建设事务。工官的主要任务是主持建筑工程的设计和模型、图样的制定，管理与估算工料和施工组织，征集匠师、人工，进行建筑材料的征调、采购、运输、制造等。这些大规模的工料征集必然要根据工程的整体需要和进度进行科学的工料估算，积累算工算料方面的方法和经验。在中国古代对此进行系统记载的代表性成果有北宋的《营造法式》和清代的《工程做法则例》。

《营造法式》是北宋时期在继承和总结古代传统建筑的基础上，官订的建筑设计、工料消耗、施工的规范，至北宋元祐六年（公元 1091 年）成书。但该书由于缺乏用材制度，以致工料太宽，造成了浪费、腐败等各种弊端，所以北宋绍圣四年（公元 1097 年）又由李诫重新编修，并于公元 1100 年成书。《营造法式》集成了现代设计手册、工程建设规范、工程建设定额的主要内容，是中国古籍中较早，也是最完善的一部建筑工程技术经济专著。全书内容可分为 5 个部分，即：总释、各作制度、功限、料例和图样，共 34 卷，卷首还有看样、目录各一卷。全书三十四卷中以十三卷的篇幅阐述功限和料例，并在卷首的"看样"和"总例"中有不同季节和不同人员用功（工）的折算方法。这部书起到了根据各作（分部分项项目及工种）特点、建筑形式、工程地质、自然条件、人员熟练程度等合理确定工料消耗，保证设计、材料和施工的质量，以满足工程建设的需要的目的。该书对于研究宋朝建筑乃至中国古代建筑的发展，提供了重要资料，是人类建筑文化遗产中一份珍贵的文献，也是我国最早的一部系统阐述工程造价管理的专著。

清代《工程做法则例》是我国营造术书中最系统和完整的一部。全篇大体分为各种房屋建筑工程做法条例与应用料例和功限两个部分。该书由清代工部会同内务府主编，共 74 卷，公元 1734 年（清雍正十二年）刊行。《工程做法则例》在当时是作为宫廷和地方一切房屋营造工程定式"条例"而颁布的，目的在于统一房屋营造标准，加强工程管理。全书用过半的篇幅规定了工料应用的限额，比《营造法式》规定得更为严密和具体。在我国目前对明、清建筑维修和《全国统一房屋修缮工程预算定额》GY601~605—1995 编制确定工料消耗时仍参考着该资料。可见，中国古代的工官制度虽然是一项为各朝代统治阶级服务的工程管理体制，但是它发展和传承了我国建设工程管理的制度和经验，留下了辉煌的建筑成果，也积累了宝贵的工程造价管理文化财富。

3.1.2 中华人民共和国工程造价专业的发展阶段

中华人民共和国成立以后，我国引入苏联基本建设概预算制度进行工程造价管理。十一届三中全会以后，我国工程造价管理开始从计划经济的概预算管理、工程定额管理的"量价统一"，逐步过渡到以市场经济体制下的工程量清单计价为代表的工程造价管理制度。中华人民共和国工程造价管理发展经历了以下主要发展历程。

1. 1950~1957 年，概预算定额制度初步建立

中华人民共和国成立后，国家经历了三年的稳定经济并进行大规模的恢复重建工作。期间，政务院财经委员会颁发了《基本建设工作程序暂行办法》和《基本建设工作暂行办法》，提出初步设计和技术设计阶段都要"编制全部建设费用及分期用款数"。1953 年，我国制定了"一五"计划（1953~1957 年）。为合理确定工程造价，用好紧缺的基本建设资金，在工程造价管理方面，我国引入了苏联计划经济体制的工程概预算定额管理制度，中国的经济建设迅速恢复，并快速发展。各部门和各地方为适应经济建设的需要，相继组建了国营建筑施工企业，建立了企业管理制度。

1955 年，国务院颁发了《基本建设工程设计和预算文件审核批准暂行办法》，国家建设委员会也先后颁布了《工业与民用建设设计及预算编制暂行办法》《工业与民用建设预算编制暂行细则》《关于编制工业与民用建设预算的若干规定》等一系列文件。这些文件的颁布，初步建立了工程概预算工作制度，确立了概预算在基本建设工作中的地位和作用，对概预算的编制原则、内容、方法和审批、修正办法、程序等作了明确的规定，并确立了对概预算编制依据实行集中管理为主、分级管理为辅的原则。

"一五"期间，工程建设定额建设成果丰富，如国家建设委员会 1954 年颁布了《一九五五年度建筑工程设计预算定额》、1955 年颁布了《一九五五年度建筑工程概算指标（草案）》《建筑安装工程间接费用定额》等。在组织建设上，为加强概预算的管理工作，1954 年国家计委在其基本建设办公室下设立了标准定额处；1954 年国家建委成立后，设立标准定额局；1956 年又单独成立建筑经济局，专门管理概预算工作。同时，各部也建立相应的管理机构，各设计单位也设立了技术经济室、概预算室，充实了专业人员。

2. 1958~1975 年，概预算定额管理制度被削弱和破坏

1958 年开始，概预算制度被说成"束缚群众手脚""苏联修正主义"，因为被不适当地全部下放。1958 年 6 月，将基本建设预算编制办法、建筑安装工程预算定额和间接费用定额交各省、自治区、直辖市负责管理，其中有关专业性的定额由中央各部负责修订、补充和管理。直至现在，全国工程量计量规则和定额项目划分、表现形式各地区不统一的现象，仍与此不无关系。同时，各级基本建设管理机构的概预算部门被精简，设计单位概预算人员减少，只算政治账，不讲经济账，施工企业法定利润被取消，工程概预算只反映工程成本，概预算控制投资作用被弱化。

1966~1975 年，工程概预算定额管理工作更是遭到了严重破坏。设计单位不再编制施工图预算，工程决算后实行多退少补，工程完工后向建设单位实报实销，使经济核算制变成了供给制，施工企业变成了行政事业单位，投资浪费越来越大。这一期间，定额被说成是"管、卡、压"的工具，概预算和定额管理机构被撤销"砸烂"，概预算人员改行，大量宝贵的工程经济资料遗失或销毁。

3. 1976~1992 年，概预算制度得到恢复和发展

1976 年以后，国家的中心任务逐步转移到经济建设上来，特别是 1978 年，逐步施行改革开放。1978 年，国家建委、财政部印发了《建筑安装工程费用项目划分暂行规定》，国家建委、国家计委、财政部制定了《关于加强基本建设概、预、决算管理工作的几项规定》，为恢复与重建工程造价管理制度与机构提供了良好的条件。1977~1982 年，全国十三个省、直辖市、自治区建委和煤炭部设立了定额站，交通部再指定专业设计院进行专项管理。

1984 年，国务院发布了《关于改革建筑业和基本建设管理体制若干问题的暂行规定》（国发［1984］123 号）。在基本建设管理体制改革的大背景下，1985 年国家计委、中国人民建设银行印发了《关于改进工程建设概预算定额管理工作的若干规定》《关于建筑安装工程费用项目划分暂行规定》《关于工程建设其他费用项目划分暂行规定》（计标［1985］352 号），国家计委 1986 年发布《关于加强工程建设标准定额工作的意见》（计标［1986］288 号文）、1988 年发布《关于控制建设工程造价的若干规定》（计标［1988］30 号文）。这些文件，不仅形成了工程建设概预算定额、费用标准、机构建设等一系列工作制度，也在中国工程造价管理制度的建立和工程造价管理的业务发展上产生了深远的影响。其后，全国各地和各部门颁布了一系列推动工程概预算管理和定额管理发展的文件，并颁布了几十项预算定额、概算定额、估算指标等。

在组织建设上，1983 年，国务院批准国家计委成立基本建设标准定额局，国家科委批准成立国家计委基本建设标准定额研究所，各省市、各部委相继建立了定额管理站。1985 年，中国工程建设概算预算定额委员会成立，并以此为基础，于 1990 年成立了中国建设工程造价管理协会。在人才培养上，1985 年以后，各地、各部门加大了工程概预算人员培养力度，工程概预算专业人员的预算员职业资格制度开始实施。至此，工程造价管理工作不断适应我国经济建设的需要，在组织建设、制度建设、基础建设和人才培养等方面逐步走上正轨。

4. 1992 年后，概预算制度向工程造价管理制度改革与发展

1992 年，党的十四大提出"我国经济体制改革的目标是建立社会主义市场经济体制""要使市场在社会主义国家宏观调控下对资源配置起基础性作用"。国家建设行政主管部门，也逐渐认识到随着我国投资体制的改革，传统的与计划经济相适应的概预算定额管理，实际上是行政指令性的直接管理，遏制了竞争，抑制了生产者和经营者的积极性与创造性，不能发挥市场优化资源配置的基础作用。在总结十年改革开放和

工程造价管理经验的基础上，我国广大工程造价管理人员也逐渐认识到，工程造价管理制度必须改革，要先易后难，循序渐进，重点突破。大家逐步认识到，在工程项目管理上，要按照全过程控制和动态管理的思路对工程造价管理进行改革和市场服务；在工程计价依据改革方面，提出了"量""价"分离的思想，改变了定额管理的传统方式。同时，提出了"控制量""指导价""竞争费"的工作思路。市场上也初步建立了"在国家宏观控制下，项目法人对建设项目的全过程负责，以市场形成工程造价为主"的具有中国特色的工程造价管理体制。

1996 年，人事部、建设部发布了《关于印发〈造价工程师执业资格制度暂行规定〉的通知》（人发 [1996] 77 号），建设部发布了"关于印发《工程造价咨询单位资质管理办法（试行）》的通知"（建标 [1996] 133 号），以此为标志，造价工程师执业资格制度、工程造价咨询制度在我国正式实施，开创了工程造价管理走向辉煌的新篇章。

进入 21 世纪，市场经济体制下的工程造价管理体制初步形成。2001 年建设部颁布的《建筑工程施工发包与承包计价管理办法》（中华人民共和国建设部令第 107 号）指出，建筑工程施工发包与承包价在政府宏观调控下，由市场竞争形成，迈出了工程计价方式改革的重要一步。2003 年，建设部推出了《建设工程工程量清单计价规范》GB 50500—2003，这是建设工程计价依据第一次以国家强制性标准的形式出现，初步实现了从传统的定额计价模式到工程量清单计价模式的转变，也为工程承发包价格由市场竞争形成提供了必要条件，同时也以国家强制性技术标准的形式使计价依据在法律地位上得到了进一步确立，这标志着又一个崭新阶段的开始。

在全面总结工程量清单计价制度和市场经济体制下工程发承包计价管理经验的基础上，2013 年，住房城乡建设部修订了《建筑工程施工发包与承包计价管理办法》（中华人民共和国住房城乡建设部令第 16 号），进一步明确了工程量清单计价、最高投标限价、工程结算审查、工程造价纠纷调解等制度。2013 年，党的十八届三中全会通过了《中共中央关于全面深化改革若干重大问题的决定》，提出了"经济体制改革是全面深化改革的重点，核心问题是处理好政府和市场的关系，使市场在资源配置中起决定性作用和更好发挥政府作用"。为贯彻中央决定，2014 年，住房城乡建设部发布了《关于进一步推进工程造价管理改革的指导意见》（建标 [2014] 142 号），该意见指出：适应中国特色新型城镇化和建筑业转型发展需要，紧紧围绕使市场在工程造价确定中起决定性作用，转变政府职能，实现工程计价的公平、公正、科学合理，为提高工程投资效益、维护市场秩序、保障工程质量安全奠定基础。到 2020 年，健全市场决定工程造价机制，建立与市场经济相适应的工程造价管理体系。

2017 年，国务院办公厅发布《国务院办公厅关于促进建筑业持续健康发展的意见》（国办发 [2017] 19 号），意见指出：深化建筑业"放管服"改革，完善监管体制机制，优化市场环境，提升工程质量安全水平，强化队伍建设，增强企业核心竞争力，促进建筑业持续健康发展。在深化建筑业简政放权改革上，要优化资质资格管理，减少不必要的资质认定,强化个人执业资格管理,完善招标投标制度。在工程建设组织模式上,要加快推行工程总承包;培育全过程工程咨询,培育一批具有国际水平的全过程工程咨询企业。工程造价管理又将面临着如何适应多种发承包模式、如何适应去行政化的改革、如何融入全过程工程咨询的新挑战。

3.1.3 中华人民共和国工程价格属性的演变

1. 1985 年以前的政府定价阶段

在 1985 年以前,政府基本上是建设项目唯一的投资主体,人工、建设产品和生产资料等要素价格均由政府确定,高度统一,建筑产品实际上并不具有市场经济商品性质。在工程计价方面,国家是这一价格形成的决策主体,建设单位、设计单位、施工单位都按照国家有关部门规定的定额标准、材料价格和取费标准来计算、确定工程价格,这种"建筑安装工程交易价格"属于国家定价的价格形式。

2. 1985~2003 年的国家指导价阶段

改革开放以后,1985 年 1 月,经国务院批准,国家物价局、国家物资局发布《关于放开工业品生产资料超产自销产品价格的通知》,取消了企业完成国家计划后生产资料产品销售不得高于国家牌价 20% 的限制。从此,计划外生产资料的自由交易取得合法地位。当年,政府还放开了绝大部分农副产品的购销价格,取消了粮油的统购价格,实行合同定购制度。1986 年,放开了名牌自行车、电冰箱、洗衣机等 7 种耐用消费品的价格。其实,早在 1984 年 9 月 18 日,国务院《关于改革建筑业和基本建设管理体制若干问题的暂行规定》(国发 [1984] 123 号)就指出"改革建设资金管理办法——改财政拨款为银行贷款,投资总金额分年拨付各建设银行;改变工程款结算办法——建筑安装企业向银行贷款,竣工后一次结算""改革建筑材料供应方式——国家重点项目所需的材料要优先保证(计划内供应),其他项目所需主要材料,承包单位向物资供应单位或生产企业订货。凡是计划分配不足的部分,允许采购议价材料,所增加的费用,在编制工程总概算时,应考虑这个因素"。总的来说,改革是按照"以放为主"的思路不断减少对价格控制。国家提出了计划内、计划外生产资料价格的双轨制,打破了计划经济体制下统一价格的供给模式。为吸引多方投资,国家又提出了投资主体多元化、拨款改贷款等投资体制、资金管理改革。在此背景下,计划经济体制下形成的传统建筑产品价格形成机制和表现形式,已经不再适应经济体制和发展的要求,原有的工程计价定额作为工程计价唯一依据的缺陷也就不断显露。20 世纪 90 年代初期,为了适应市场化需要,改进工程计价定额不合理的地方,工程造价管理部门相继提出了"量价分离"和"控制量、指导价、竞争费"的工程造价改革方向,这些措施的实施缓解了工程价格形成机制的矛盾,这一阶段,这种"建筑安装工程交易价格"具有明显的政府指导价的特征。建筑工程计价依据管理的内容也从工程量计算规则和工程计价定额管理逐步发展到工程量计算规则、工程计价定额和工程价格信息等多个方面。但是,现在回过头来看，"控制量、指导价、竞争费"的工程计价原则，也依然存在一些不足之处。首先说"控制量"——即统一计价时定额消耗量，因不同的施工企业管理水平、装备水平不同，在人材机的消耗量上是不一样的；二是"指导价——即人材机的价格由工程造价管理机构发布，具有指导性，《中华人民共和国价格法》明确规定，价格分为政府定价、政府指导价、市场调节价，我国的绝大部分商品与服务实行市场调节价，但电价、水价、煤气、铁路运输仍实行政府定价，部分商品与服务性价格还实行政府指导价，因此，在工程计价时应根据政府确定的价格属性区别对待；三是竞争费——即人材机价格之外的费用是竞争性的，我国《建设工程工程量清单计价规范》以强制性条文规定安全文明施工费和规费应按国家或审计、行业建设主管部门的规定计价，不得作为竞争性费用。因此，工程造价管理者一定要审时度势，适应市场经济体制改革的需要，与时俱进地推进工程造价管理改革。

3. 2003 年以后，市场调节价为主阶段

2003 年 2 月 27 日，《建设工程工程量清单计价规范》以国家标准的形式发布实施，该规范的实施是工程造价管理体制改革的一个里程碑，它标志着建设工程价格从政府指导价向市场调节价的根本过渡。从表面上看，实行工程量清单计价，仅是工程量清单计价方式取代了传统的预算定额计价方式，并且它仍然要以工程计价定额为组价的支撑。但从根本上看，这种交易表现方式的变化，彻底改变了工程造价价格属性的形成机制。以预算定额为基础进行工程计价，其结果是在传统计价定额指导下的工程造价的确定，其价格属性具有政府指导价性质。工程量清单计价，是通过在招标投标阶段以发包人提供的工程量清单为基础，由投标人自主报价，来实现市场竞争，形成工程价格，这样便使建筑产品价格实现了市场调节价，打破了仅依据预算定额计价的国家指导价价格属性。工程量清单计价方式的实施，对规范建设市场计价行为和秩序，促进建设市场有序竞争和企业健康发展，加快工程造价的确定与控制具有积极的意义。2008 年、2013 年对《建设工程工程量清单计价规范》进行了两次系统的修订，使其执行力度进一步加大，内容更加全面，可操作性更强，更加符合国情和改革发展趋势。

但是，我们也必须清醒地看到，我国的工程招投标管理体制仍然没有发挥好业主在项目管理和工程交易中的关键作用，特别是完全依靠政府确定的招标管理机构主持下的评标，虽然一定程度上显示了公平，但没有真正反映业主与项目的需求。最高投标限价制度也存在缺陷：有关管理规定和《建设工程工程量清单计价规范》GB 50500—2013 规定国有投资项目的最高投标限价要依据相应的工程造价管理机构发布的定额和工程计价信息编制，导致投标人围绕最高投标限价投标，而不是依据企业定额和具体项目的施工组织方案进行投标价编制。另外，工程建设中的要素价格仍然存在政府定价、政府指导价，工程价格与真正意义上的市场调节价仍有差距，应该定位为市场调节价为主。

3.2　我国工程造价管理组织机构

工程造价管理组织机构是指为保证工程造价管理制度的建立与有效实施，按照行政机构设置和行业组织等规定，设立的部门、管理机构和有关组织。我国工程造价管理组织机构包括各种工程造价管理部门、机构、行业组织、企事业单位的组织形式和职责。

1. 行政管理部门

政府在我国工程造价管理中既是宏观管理主体，也是政府投资项目的微观管理主体。从宏观管理的角度，政府对工程造价管理有一个严密的组织系统，设置了多层管理机构，规定了管理权限和职责范围。从微观的角度，政府作为某一具体工程项目的业主方，承担着从筹建至工程竣工乃至运营维保阶段的工程项目管理职能，这里面包括工程造价管理。

（1）国务院住房和城乡建设行政主管部门。我国在住房城乡建设部下设标准定额司，负责国家宏观工程造价管理工作。根据国务院批准的《住房和城乡建设部主要职责内设机构和人员编制规定》，其工程造价管理的主要职责是：组织拟订工程建设国家标准、全国统一定额、建设项目评价方法、经济参数和建设标准、建设工期定额、公共服务设施（不含通信设施）建设标准；拟订工程造价管理的规章制度；拟订部管行业工程标准、经济定额；拟订工程造价咨询单位的资质标准并监督执行；指导监督各类工程建设标准定额的实施和工程造价计价，组织发布工程造价信息。

（2）国务院其他行政主管部门。工程造价管理不仅涉及微观的基本建设管理，还涉及国家投资管理、财政资金管理、基本建设财务制度、工程审计等多方面的管理。国家发展和改革委员会在基本建设投资规模、国家重大投资项目等方面承担着综合管理职能。财政部在政府财政资金投资管理、基本建设财务制度、工程造价费用项目组成方面也具有综合管理职能。审计署对政府和国有投资项目承担着工程审计与监督的专门管理职能。此外，交通运输部、水利部、农业农村部等还承担着交通、水利、农业类等投资项目的专业管理职能。

（3）地方住房和城乡建设行政主管部门。各省、自治区、直辖市住房和城乡建设主管部门一般均设有对口住房和城乡建设部标准定额司的工程造价管理部门和专门人员，部分地方通过行政授权由工程造价管理机构代行行政职能。

2. 工程造价管理机构

工程造价管理机构是指各地方、各行业设置的由国家确定管理职能和公共服务的专门从事工程造价管理的事业单位或行业组织。我国的工程造价管理机构是在计划经济体制下产生的，但其在工程计价依据建设、工程造价的宏观管理与市场监督方面发挥着不可替代的作用，特别是在我国固定资产投资中，政府和国有投资依然占有较大的比重，以公共服务形式来表现，统一管理下的工程计价依据编制是经济和高效的，也正因为如此，近年各级工程造价管理机构在事业单位的分类改革中，绝大多数已经定位为公益一类的事业单位，稳固了其机构、人员设置和经费来源。其具体职责主要包括：协助相应部门进行工程造价管理制度建设，进行工程定额编制与管理，工程计价信息服务，工程造价咨询行业管理与市场监督等。

我国在铁路、公路、水利、水电、电力、石油、石化、机械、冶金、煤炭、建材、林业、有色、核工业等行业均设有专门的服务于行业或专业工程的工程造价管理机构。

各省、自治区、直辖市设有工程造价管理机构，主要负责区域内的房屋建筑、市政等工程造价管理工作。大多数地级市也设有工程造价管理专门机构，主要是协助省级工程造价管理机构进行工程计价信息服务，并协助政府主管部门从事重点建设工程的服务等工作。

3. 工程造价专业社会组织

1990 年，中国建设工程造价管理协会经建设部和民政部批准成立，它是代表我国建设工程造价管理专业的唯一全国性行业协会。2003 年和 2007 年，经外交部批准，中国建设工程造价管理协会作为中国造价工程师和工程造价行业唯一代表分别加入亚太区工料测量师协会（PAQS）和国际造价工程联合会（ICEC），成为国际组织的正式成员，履行相关的职责和义务。中国建设工程造价管理协会的主要职责是：协助政府主管部门拟订工程造价咨询行业的规章制度、国家标准；制定工程造价行业职业道德准则、会员惩戒办法等行规行约，发布工程造价咨询团体标准，建立工程造价行业自律机制，开展信用评价等工作，推动工程造价行业诚信体系建设，引导行业可持续发展；根据授权开展工程造价行业统计、行业信息和监管平台的建设，进行行业调查研究，分析行业动态，发布行业发展报告；开展行业人才培训、业务交流、先进经验推介、法律咨询与援助、行业党建和精神文明建设等会员服务；主编《工程造价管理》期刊，编写工程造价专业继续教育等书籍，主办协会网站，开展行业宣传，为会员提供工程计价信息服务；建立工程造价纠纷调解机制，充分发挥行业协会在工程造价纠纷调解中的专业性优势，积极化解经济纠纷和社会矛盾，维护建筑市场秩序；加入相应国际组织，履行相关国际组织成员的职责和义务，开展国际交流与合作；承接政府及其管理部门授权或者委托的其他事项，开展行业协会宗旨允许的其他业务。为了方便开展工作，中国建设工程造价管理协会成立后，陆续在铁路、公路、水运、水利、水电、电力、石油、石化、机械、冶金、煤炭、建材、林业、有色、核工业、援外、军队等行业或部门设置了工作委员会。

为了增强对各地工程造价咨询工作和造价工程师的行业管理，在造价工程师执业资格制度实施后，各省、自治区、直辖市以及部分地级市在所属的地方设立了工程造价管理协会或造价工程师协会。地方协会一般归属地方住房和城乡建设行政主管部门业务管理，并接受中国建设工程造价管理协会的业务指导，在所在行政管理区域内开展工作，这对全国工程造价行业管理水平的整体提升起到了积极作用。

3.3   工程造价管理制度

3.3.1   造价工程师职业资格制度

1. 造价工程师职业资格制度简介

（1）造价工程师的定义与分类

根据住房城乡建设部、交通运输部、水利部、人力资源社会保障部 2018 年颁布的《造价工程师职业资格制度规定》，造价工程师，是指通过职业资格考试取得中华人民共和国造价工程师职业资格证书，并经注册后从事建设工程造价工作的专业技术人员。

（2）造价工程师职业资格制度的产生与发展

1996 年 8 月 26 日，国家人事部、建设部联合发布《造价工程师执业资格制度暂行规定》（人发〔1996〕77 号），标志着造价工程师执业资格制度在我国正式实施。该暂行规定要求：凡从事工程建设活动的建设、设计、施工、工程造价咨询、工程造价管理等单位和部门，必须在计价、评估、审查（核）、控制及管理等岗位配备有造价工程师执业资格的专业技术管理人员。并进一步明确了造价工程师考试、注册的有关要求，以及造价工程师的权利与义务。

十八大后，国家取消了多项由部门或行业协会设立的职业资格。2016 年 1 月 20 日，国务院印发了《国务院关于取消一批职业资格许可和认定事项的决定》（国发〔2016〕5 号），取消了经建设部授权、由中国建设工程造价管理协会实施的全国建设工程造价员水平评价类职业资格。全国建设工程造价员资格取消后，20 年前设立的造价工程师执业资格制度在实施中也出现了一些不适应的问题，矛盾日渐突出。一是随着我国基本建设投资规模的不断增加，造价工程师总体数量满足不了市场多方主体需求；二是造价工程师层级设置单一，不能完全适应工程造价专业的特点，也难与国际上发达的市场经济国家接轨、互认等；三是造价工程师执业资格制度设置较早，《造价工程师执业资格制度暂行规定》没有考试实施办法，在报考条件、专业和内容设置等方面也需要与时俱进。

2016 年 12 月，人力资源社会保障部按照国务院的要求公布了《国家职业资格目录清单》，列入职业资格目录清单 151 项。其中，专业技术人员职业资格 58 项，技能人员职业资格 93 项。根据公示清单，造价工程师资格纳入国家职业资格目录清单，类别为准入类，即国家行政许可范畴。2018 年 7 月 20 日，住房城乡建设部、交通运输部、水利部、人力资源社会保障部共同发布了《关于印发 < 造价工程师职业资格制度规定 >< 造价工程师职业资格考试实施办法 > 的通知》（建人〔2018〕67 号）。通知明确：国家设置造价工程师准入类职业资格，纳入国家职业资格目录。工程造价咨询企业应配备造价工程师；工程建设活动中有关工程造价管理岗位按需要配备造价工程师。造价工程师分为一级造价工程师和二级造价工程师。住房城乡建设部、交通运输部、水利部、人力资源社会保障部共同制定造价工程师职业资格制度，并按照职责分工负责造价工程师职业资格制度的实施与监管。各省、自治区、直辖市住房城乡建设、交通运输、水利、人力资源社会保障行政主管部门，按照职责分工负责本行政区域内造价工程师职业资格制度的实施与监管。同时，造价工程师资格也从执业发展为职业。

（3）造价工程师注册管理制度框架

《国家职业资格目录清单》《造价工程师职业资格制度规定》构成了造价工程师职业资格的制度基础，也是全国造价工程师实施注册管理制度的前提。1999 年，建设部颁布了《造价工程师注册管理办法》（建设部令第 75 号）；2006 年，以建设部第 150 号令进行了全面修订，并将名称改为《注册造价工程师管理办法》；2016 年，以住房城乡建设部令第 32 号对《注册造价工程师管理办法》进行了局部修订。为了配合造价工程师的注册和继续教育，2002 年，中国建设工程造价管理协会印发了《造价工程师继续教育实施办法》（中价协 [2002] 017 号），2007 年修订为《注册造价工程师继续教育实施暂行办法》（中价协 [2007] 025 号），完善了造价工程师继续教育制度。

2. 职业资格考试

我国《造价工程师职业资格制度规定》规定，造价工程师分为一级造价工程师和二级造价工程师，一级造价工程师职业资格实行全国统一大纲、统一命题、统一组织的考试制度；二级造价工程师职业资格实行全国统一大纲，各省、自治区、直辖市自主命题并组织实施的考试制度。

（1）考试管理

1）考试大纲管理

一级造价工程师职业资格考试全国统一大纲、统一命题、统一组织。二级造价工程师职业资格考试全国统一大纲，各省、自治区、直辖市自主命题并组织实施。

一级和二级造价工程师职业资格考试均设置基础科目和专业科目。

2）职责划分

住房城乡建设部组织拟订一级造价工程师和二级造价工程师职业资格考试基础科目的考试大纲，组织一级造价工程师基础科目命审题工作。住房城乡建设部、交通运输部、水利部按照职责分别负责拟订一级造价工程师和二级造价工程师职业资格考试专业科目的考试大纲，组织一级造价工程师专业科目命审题工作。人力资源社会保障部负责审定一级造价工程师和二级造价工程师职业资格考试科目和考试大纲，负责一级造价工程师职业资格考试考务工作。人力资源社会保障部会同住房城乡建设部、交通运输部、水利部确定一级造价工程师职业资格考试合格标准。

各省、自治区、直辖市住房城乡建设、交通运输、水利行政主管部门会同人力资源社会保障行政主管部门，按照全国统一的考试大纲和相关规定组织实施二级造价工程师职业资格考试。各省、自治区、直辖市人力资源社会保障行政主管部门会同住房城乡建设、交通运输、水利行政主管部门确定二级造价工程师职业资格考试合格标准。

（2）一级造价工程师报名考试条件

凡遵守中华人民共和国宪法、法律、法规，具有良好的业务素质和道德品行，具备下列条件之一者，可以申请一级造价工程师职业资格考试：

1）具有工程造价专业大学专科（或高等职业教育）学历，从事工程造价业务工作满5年；具有土木建筑、水利、装备制造、交通运输、电子信息、财经商贸大类大学专科（或高等职业教育）学历，从事工程造价业务工作满6年。

2）具有通过工程教育专业评估（认证）的工程管理、工程造价专业大学本科学历或学位，从事工程造价业务工作满4年；具有工学、管理学、经济学门类大学本科学历或学位，从事工程造价业务工作满5年。

3）具有工学、管理学、经济学门类硕士学位或者第二学士学位，从事工程造价业务工作满3年。

4）具有工学、管理学、经济学门类博士学位，从事工程造价业务工作满1年。

5）具有其他专业相应学历或者学位的人员，从事工程造价业务工作年限相应增加1年。

（3）二级造价工程师报名考试条件

凡遵守中华人民共和国宪法、法律法规，具有良好的业务素质和道德品行，具备下列条件之一者，可以申请二级造价工程师职业资格考试：

1）具有工程造价专业大学专科（或高等职业教育）学历，从事工程造价业务工作满2年；具有土木建筑、水利、装备制造、交通运输、电子信息、财经商贸大类大学专科（或高等职业教育）学历，从事工程造价业务工作满3年。

2）具有工程管理、工程造价专业大学本科及以上学历或学位，从事工程造价业务工作满1年；具有工学、管理学、经济学门类大学本科及以上学历或学位，从事工程造价业务工作满2年。

3）具有其他专业相应学历或学位的人员，从事工程造价业务工作年限相应增加1年。

（4）专业、考试科目划分与成绩有效期

一级和二级造价工程师职业资格考试均设置基础科目和专业科目。

一级造价工程师职业资格考试设《建设工程造价管理》《建设工程计价》《建设工程技术与计量》《建设工程造价案例分析》4个科目。其中，《建设工程造价管理》和《建设工程计价》为基础科目，《建设工程技术与计量》和《建设工程造价案例分析》为专业科目。

二级造价工程师职业资格考试设《建设工程造价管理基础知识》《建设工程计量与计价实务》2个科目。其中，《建设工程造价管理基础知识》为基础科目，《建设工程计量与计价实务》为专业科目。

专业科目分为土木建筑工程、交通运输工程、水利工程和安装工程4个专业类别，考生在报名时可根据实际工作需要选择其一。其中，土木建筑工程、安装工程专业由住房城乡建设部负责；交通运输工程专业由交通运输部负责；水利工程专业由水利部负责。

一级造价工程师职业资格考试成绩实行4年为一个周期的滚动管理办法，在连续的4个考试年度内通过全部考试科目，方可取得职业资格证书。二级造价工程师职业资格考试成绩实行2年为一个周期的滚动管理办法，参加全部2个科目考试的人员必须在连续的2个考试年度内通过全部科目，方可取得职业资格证书。

已取得造价工程师一种专业职业资格证书的人员，报名参加其他专业科目考试的，可免考基础科目。考试合格后，核发人力资源社会保障部门统一印制的相应专业考试合格证明。该证明作为注册时增加执业专业类别的依据。

（5）资格证书

一级造价工程师职业资格考试合格者，由各省、自治区、直辖市人力资源社会保障行政主管部门颁发中华人民共和国一级造价工程师职业资格证书。该证书由人力资源社会保障部统一印制，住房城乡建设部、交通运输部、水利部按专业类别分别与人力资源社会保障部用印，在全国范围内有效。

二级造价工程师职业资格考试合格者，由各省、自治区、直辖市人力资源社会保障行政主管部门颁发中华人民共和国二级造价工程师职业资格证书。该证书由各省、自治区、直辖市住房城乡建设、交通运输、水利行政主管部门按专业类别分别与人力资源社会保障行政主管部门用印，原则上在所在行政区域内有效。

3. 注册管理

（1）造价工程师职业资格制度规定

1）制度对注册的原则要求

《造价工程师职业资格制度规定》明确：国家对造价工程师职业资格实行执业注册管理制度。取得造价工程师职业资格证书且从事工程造价相关工作的人员，经注册方可以造价工程师名义执业。

2）注册管理分工

住房城乡建设部、交通运输部、水利部分别负责一级造价工程师注册及相关工作。各省、自治区、直辖市住房城乡建设、交通运输、水利行政主管部门按专业类别分别负责二级造价工程师注册及相关工作。

经批准注册的申请人，由住房城乡建设部、交通运输部、水利部核发《中华人民共和国一级造价工程师注册证》(或电子证书);或由各省、自治区、直辖市住房城乡建设、交通运输、水利行政主管部门核发《中华人民共和国二级造价工程师注册证》(或电子证书)。造价工程师执业时应持注册证书和执业印章。

3）注册与执业信息共享

住房城乡建设部、交通运输部、水利部按照职责分工建立造价工程师注册管理信息平台，保持通用数据标准统一。住房城乡建设部负责归集全国造价工程师注册信息，促进造价工程师注册、执业和信用信息互通共享。

（2）注册造价工程师管理办法

造价工程师的注册管理包括：初始注册、延续注册、变更注册、撤销注册、注销注册、重新注册、暂停执业、不与注册等情形。注册造价工程师的初始、变更、延续注册，逐步实行网上申报、受理和审批。

1）注册条件。造价工程师的注册条件为：

①取得执业（职业）资格；

②受聘于一个工程造价咨询企业或者工程建设领域的建设、勘察设计、施工、招标代理、工程监理、工程造价管理等单位；

③无注册造价工程师管理办法第十二条不予注册的情形。

2）初始注册。取得造价工程师职业资格证书人员可自资格证书签发之日起1年内申请初始注册，逾期未申请者，须符合继续教育的要求后方可申请初始注册。初始注册的有效期为4年。申请初始注册的，应按照网上注册管理要求提交：初始注册申请表；执业资格证件和身份证件复印件；与聘用单位签订的劳动合同复印件；工程造价岗位工作证明等信息。

3）延续注册。注册造价工程师注册有效期满需继续执业的，应当在注册有效期满30日前，按照规定的程序申请延续注册。延续注册需在网上填写延续注册申请表，更新初始注册的相关证明材料，并提供前一个注册期内的工作业绩证明和继续教育合格证明。延续注册的有效期为4年。

4）变更注册。注册造价工程师变更执业单位的，应当与原聘用单位解除劳动合同，并按照规定的程序在网上填写变更注册申请表，重新提供新的劳动合同、社保证明等材料，办理变更注册手续。变更注册后延续原注册有效期。

5）撤销注册。行政机关工作人员滥用职权、玩忽职守，超越法定职权，违反法定程序，对不具备注册条件的人员作出注册许可的，或申请人以欺骗、贿赂等不正当手段获准注册的，注册机关或其上级行政机关依据职权或者根据利害关系人的请求，可以撤销注册造价工程师的注册。

6）注销注册。造价工程师的注册证书失效、依法被撤销注册、依法被吊销注册证书、受到刑事处罚，以及发生法律、法规规定应当注销注册的其他情形的，由注册机关办理注销注册手续，收回注册证书和执业印章或者公告其注册证书和执业印章作废。

7）重新注册。被注销注册或者不予注册者，在具备注册条件后重新申请注册的，按照规定的程序办理。

8）暂停执业。在注册有效期内，注册造价工程师因特殊原因需要暂停执业的，应当到注册机构办理暂停执业手续。

9）不予注册。造价工程师申请注册，因存在不具有完全民事行为能力、在两个或者两个以上单位注册、未达到造价工程师继续教育合格标准、受刑事处罚不满5年规定年限等情形，注册机关不予注册。

准予注册的，由注册机关核发注册证书和执业印章。注册证书和执业印章是注册造价工程师的执业凭证，应当由注册造价工程师本人保管、使用。注册造价工程师发生已与聘用单位解除劳动合同且未被其他单位聘用、注册有效期满且未延续注册等情形，其注册证书失效。

4. 执业

（1）执业管理

住房城乡建设部、交通运输部、水利部共同建立健全造价工程师执业诚信体系，制定相关规章制度或从业标准规范，并指导监督信用评价工作。造价工程师在工作中，必须遵纪守法，恪守职业道德和从业规范，诚信执业，主动接受有关主管部门的监督检查，加强行业自律。

造价工程师不得同时受聘于两个或两个以上单位执业，不得允许他人以本人名义执业，严禁"证书挂靠"。出租出借注册证书的，依据相关法律法规进行处罚；构成犯罪的，依法追究刑事责任。

（2）执业范围

1）一级造价工程师的执业范围包括建设项目全过程的工程造价管理与咨询等，具体工作内容：

①项目建议书、可行性研究投资估算与审核，项目评价造价分析；

②建设工程设计概算、施工图预算编制和审核；

③建设工程招标投标文件工程量和造价的编制与审核；

④建设工程合同价款、结算价款、竣工决算价款的编制与管理；

⑤建设工程审计、仲裁、诉讼、保险中的造价鉴定，工程造价纠纷调解；

⑥建设工程计价依据、造价指标的编制与管理；

⑦与工程造价管理有关的其他事项。

2）二级造价工程师主要协助一级造价工程师开展相关工作，可独立开展以下具体工作：

①建设工程工料分析、计划、组织与成本管理，施工图预算、设计概算编制；

②建设工程工程量清单、最高投标限价、投标报价编制；

③建设工程合同价款、结算价款和竣工决算价款的编制。

3）签章要求。

造价工程师应在本人工程造价咨询成果文件上签章，并承担相应责任。工程造价咨询成果文件应由一级造价工程师审核并加盖执业印章。

5. 继续教育

（1）制度规定

《造价工程师职业资格制度规定》明确：取得造价工程师注册证书的人员，应当按照国家专业技术人员继续教育的有关规定接受继续教育，更新专业知识，提高业务水平。

《注册造价工程师管理办法》规定，注册造价工程师在每一注册期内应当达到注册机关规定的继续教育要求。

注册造价工程师继续教育分为必修课和选修课，每一注册有效期各为 60 学时。经继续教育达到合格标准的，颁发继续教育合格证明。

注册造价工程师继续教育，由中国建设工程造价管理协会负责组织。

（2）继续教育形式

为进一步推进政府职能转变和简政放权，减轻企业和造价工程师个人负担，充分发挥行业和社会的力量参与造价工程师继续教育工作，2015 年，中国建设工程造价管理协会发布了"关于改进造价工程师继续教育形式的五点意见"，该意见提出继续教育的五种形式。

1）参加中国建设工程造价管理协会、各省级和部门管理机构、省级造价协会组织的注册造价工程师集中面授培训，并取得学时证明的；

2）参加中国建设工程造价管理协会、各省级和部门管理机构、省级造价协会组织的造价工程师网络继续教育学习，并取得学时证明的；

3）参加中国建设工程造价管理协会、各省级和部门管理机构、省级造价协会组织的各种课题研究、标准编制、教材编写等工作，培训或继续教育授课，国内外学术交流、研讨，考试命题、阅卷等考务工作，咨询成果质量监督、检查，并取得学时证明的；

4）参加经中国建设工程造价管理协会、各省级和部门管理机构批准或授权的工程造价咨询企业公开组织的造价工程师继续教育培训，并取得学时证明的；

5）以个人署名且公开发表（以正式刊号为准）的工程造价相关论文、专著，并取得学时证明的。

6. 信用管理

《造价工程师职业资格制度规定》明确：造价工程师在工作中，必须遵纪守法，恪守职业道德和从业规范，诚信执业，主动接受有关主管部门的监督检查，加强行业自律。住房城乡建设部、交通运输部、水利部共同建立健全造价工程师执业诚信体系，制定相关规章制度或从业标准规范，并指导监督信用评价工作。

《注册造价工程师管理办法》要求，工程造价行业组织应当加强造价工程师自律管理。鼓励注册造价工程师加入工程造价行业组织。注册造价工程师及其聘用单位应当按照有关规定，向注册机关提供真实、准确、完整的注册造价工程师信用档案信息。注册造价工程师信用档案应当包括造价工程师的基本情况、业绩、良好行为、不良行为等内容。违法违规行为、被投诉举报处理、行政处罚等情况应当作为造价工程师的不良行为记入其信用档案。注册造价工程师信用档案信息按有关规定向社会公示。

3.3.2　工程造价咨询企业管理制度

1. 工程造价咨询企业管理制度的产生

工程造价咨询企业是指接受委托，对建设项目投资、工程造价的确定与控制提供专业咨询服务的企业。

1996 年 3 月 6 日，建设部发布了"关于印发《工程造价咨询单位资质管理办法（试行）》的通知"（建标 [1996] 133 号），工程造价咨询制度应运而生，其后该办法经过两次修订，并以部令的形式发布，目前执行的是 2006 年修订的《工程造价咨询企业管理办法》（建设部令第 149 号）。

2. 对工程造价咨询企业的原则要求

工程造价咨询企业应依法取得资质，并在资质等级许可范围内从事工程造价咨询活动。工程造价咨询企业从事工程造价咨询活动，应当遵循独立、客观、公正、诚实信用的原则，不得损害社会公共利益和他人的合法权益。同时，任何单位和个人不得非法干预依法进行的工程造价咨询活动。工程造价咨询企业应接受国务院住房和城乡建设行政主管部门的统一监督管理，国家鼓励工程造价咨询企业加入工程造价行业组织，接受行业自律。

3. 资质等级标准

工程造价咨询企业资质标准分为甲级和乙级。

（1）甲级工程造价咨询企业资质标准为：

1）已取得乙级工程造价咨询企业资质证书满 3 年；

2）企业出资人中，注册造价工程师人数不低于出资人总人数的 60%，且其出资额不低于企业注册资本总额的 60%；

3）技术负责人已取得造价工程师注册证书，并具有工程或工程经济类高级专业技术职称，且从事工程造价专业工作 15 年以上；

4）专职从事工程造价专业工作的人员（以下简称专职专业人员）不少于 20 人，其中，具有工程或者工程经济类中级以上专业技术职称的人员不少于 16 人，取得造价工程师注册证书的人员不少于 10 人，其他人员具有从事工程造价专业工作的经历；

5）企业与专职专业人员签订劳动合同，且专职专业人员符合国家规定的职业年龄（出资人除外）；

6）专职专业人员人事档案关系由国家认可的人事代理机构代为管理；

7）企业近 3 年工程造价咨询营业收入累计不低于人民币 500 万元；

8）具有固定的办公场所，人均办公建筑面积不少于 10 平方米；

9）技术档案管理制度、质量控制制度、财务管理制度齐全；

10）企业为本单位专职专业人员办理的社会基本养老保险手续齐全；

11）在申请核定资质等级之日前 3 年内无下列行为：

涂改、倒卖、出租、出借资质证书，或者以其他形式非法转让资质证书；超越资质等级业务范围承接工程造价咨询业务；同时接受招标人和投标人或两个以上投标人对同一工程项目的工程造价咨询业务；以给予回扣、恶意压低收费等方式进行不正当竞争；转包承接的工程造价咨询业务；法律、法规禁止的其他行为。

（2）乙级工程造价咨询企业资质标准为：

1）企业出资人中，注册造价工程师人数不低于出资人总人数的60%，且其出资额不低于注册资本总额的60%；

2）技术负责人已取得造价工程师注册证书，并具有工程或工程经济类高级专业技术职称，且从事工程造价专业工作10年以上；

3）专职专业人员不少于12人，其中，具有工程或者工程经济类中级以上专业技术职称的人员不少于8人，取得造价工程师注册证书的人员不少于6人，其他人员具有从事工程造价专业工作的经历；

4）企业与专职专业人员签订劳动合同，且专职专业人员符合国家规定的职业年龄（出资人除外）；

5）专职专业人员人事档案关系由国家认可的人事代理机构代为管理；

6）企业注册资本不少于人民币50万元；

7）具有固定的办公场所，人均办公建筑面积不少于10平方米；

8）技术档案管理制度、质量控制制度、财务管理制度齐全；

9）企业为本单位专职专业人员办理的社会基本养老保险手续齐全；

10）暂定期内工程造价咨询营业收入累计不低于人民币50万元；

11）在申请核定资质等级之日前无违规行为。

4. 业务许可限额与范围

（1）行政区域限制。工程造价咨询企业依法从事工程造价咨询活动，不受行政区域限制。

（2）许可限额。甲级工程造价咨询企业可以从事各类建设项目的工程造价咨询业务；乙级工程造价咨询企业可以从事工程造价5000万元人民币以下的各类建设项目的工程造价咨询业务。

（3）业务范围。工程造价咨询业务范围包括：

1）建设项目建议书及可行性研究投资估算、项目经济评价报告的编制和审核；

2）建设项目概预算的编制与审核，并配合设计方案比选、优化设计、限额设计等工作进行工程造价分析与控制；

3）建设项目合同价款的确定（包括招标工程工程量清单和标底、投标报价的编制和审核）；

4）合同价款的签订与调整（包括工程变更、工程洽商和索赔费用的计算）与工程款支付，工程结算、竣工结算和决算报告的编制与审核等；

5）工程造价经济纠纷的鉴定和仲裁的咨询；

6）提供工程造价信息服务等。

此外，工程造价咨询企业可以承担建设项目全过程或者若干阶段的工程造价管理和咨询服务。

5.资质许可程序与要求

（1）甲级资质审批

甲级工程造价咨询企业资质，由国务院住房和城乡建设主管部门审批。申请甲级工程造价咨询企业资质的，可以向申请人工商注册所在地省、自治区、直辖市人民政府住房城乡建设主管部门或者国务院有关专业部门提交申请材料。省、自治区、直辖市人民政府住房和城乡建设主管部门或者国务院有关专业部门收到申请材料后，应当在5日内将全部申请材料报国务院住房和城乡建设主管部门，国务院住房城乡建设主管部门应当自受理之日起20日内作出决定。

（2）乙级资质审批

申请乙级工程造价咨询企业资质的，由省、自治区、直辖市人民政府住房和城乡建设主管部门审查决定。其中，申请有关专业乙级工程造价咨询企业资质的，由省、自治区、直辖市人民政府住房和城乡建设主管部门商同级有关专业部门审查决定。省、自治区、直辖市人民政府住房和城乡建设主管部门应当自作出决定之日起30日内，将准予资质许可的决定报国务院住房和城乡建设主管部门备案。

（3）申报材料

申请工程造价咨询企业资质，应当提交下列材料并同时在网上申报：

1)《工程造价咨询企业资质等级申请书》；

2）专职专业人员（含技术负责人）的造价工程师注册证书、造价员资格证书、专业技术职称证书和身份证；

3）专职专业人员（含技术负责人）的人事代理合同和企业为其缴纳的本年度社会基本养老保险费用的凭证；

4）企业章程、股东出资协议并附工商部门出具的股东出资情况证明；

5）企业缴纳营业收入的营业税发票或税务部门出具的缴纳工程造价咨询营业收入的营业税完税证明，企业营业收入含其他业务收入的，还需出具工程造价咨询营业收入的财务审计报告；

6）工程造价咨询企业资质证书；

7）企业营业执照；

8）固定办公场所的租赁合同或产权证明；

9）有关企业技术档案管理、质量控制、财务管理等制度的文件；

10）法律、法规规定的其他材料。

新申请工程造价咨询企业资质的，不需要提交前款第5）项、第6）项所列材料。

（4）资质有效期

工程造价咨询企业资质有效期为3年。资质有效期届满，需要继续从事工程造价咨询活动的，应当在资质有效期届满30日前向资质许可机关提出资质延续申请。资质许可机关应当根据申请作出是否准予延续的决定。准予延续的，资质有效期延续3年。

6. 合同与成果管理

工程造价咨询企业在承接各类建设项目的工程造价咨询业务时，应当与委托人订立书面工程造价咨询合同。

工程造价咨询企业从事工程造价咨询业务，应当按照有关规定的要求出具工程造价成果文件。工程造价成果文件应当由工程造价咨询企业加盖有企业名称、资质等级及证书编号的执业印章，并由执行咨询业务的注册造价工程师签字、加盖执业印章。

7. 分支机构管理与跨区域业务备案管理

工程造价咨询企业可以依法设立分支机构，并应当自领取分支机构营业执照之日起 30 日内，按有关要求到分支机构工商注册所在地省、自治区、直辖市人民政府住房和城乡建设主管部门进行备案。省、自治区、直辖市人民政府住房和城乡建设主管部门应当在接受备案之日起 20 日内，报国务院住房和城乡建设主管部门备案。分支机构从事工程造价咨询业务，应当由设立该分支机构的工程造价咨询企业负责承接工程造价咨询业务、订立工程造价咨询合同、出具工程造价成果文件。分支机构不得以自己的名义承接工程造价咨询业务、订立工程造价咨询合同、出具工程造价成果文件。

工程造价咨询企业跨省、自治区、直辖市承接工程造价咨询业务的，应当自承接业务之日起 30 日内到建设工程所在地省、自治区、直辖市人民政府住房和城乡建设主管部门备案。

8. 信用管理

工程造价咨询企业应当按照有关规定，向资质许可机关提供真实、准确、完整的工程造价咨询企业信用档案信息。工程造价咨询企业信用档案应当包括工程造价咨询企业的基本情况、业绩、良好行为、不良行为等内容。违法行为、被投诉举报处理、行政处罚等情况应当作为工程造价咨询企业的不良记录记入其信用档案。任何单位和个人有权查阅信用档案。

3.3.3　工程造价管理的其他基本制度

法律法规是实施工程造价管理的重要依据，与工程造价管理相关的法律包括：《中华人民共和国建筑法》《中华人民共和国合同法》《中华人民共和国招标投标法》《中华人民共和国价格法》《中华人民共和国政府采购法》《中华人民共和国审计法》《中华人民共和国仲裁法》等。行政法规包括：《中华人民共和国招标投标法实施条例》《中华人民共和国政府采购法实施条例》《建设工程质量管理条例》和《建设工程安全生产管理条例》等。这些法律法规涉及工程造价管理的专门条款大多不具体。工程造价管理专门的部门规章主要有《工程造价咨询企业管理办法》《注册造价工程师管理办法》和《建筑工程施工发包与承包计价管理办法》，这三个办法除了建立工程造价咨询资质管理制度、注册造价工程师管理制度外，还建立了工程量清单计价、最高投标限价、工程结算审查、工程造价纠纷调解、工程造价鉴定、工程审计等制度。

1. 工程量清单计价制度

（1）制度依据与要求

建筑工程施工发包与承包计价管理办法规定，全部使用国有资金投资或者以国有资金投资为主（简称国有资金投资）的建筑工程应当采用工程量清单计价；非国有资金投资的建筑工程，鼓励采用工程量清单计价。在市场经济体制下，通过市场竞争形成工程价格，实现企业自主报价，便于使国有资金投资的建设工程在国家有关规定和标准的基础上实现更有效的监管。对非国有资金投资的工程项目鼓励采用工程量清单计价方式，其是否采用工程量清单计价方式由项目业主自主确定，这也符合《招标投标法》和《合同法》的基本原则和立法精神。

工程量清单计价是我国工程造价管理改革的一项制度设计，既有技术要求，还有管理要求。推行工程量清单计价是实现建筑产品市场调节价价格属性的重要改革举措，要求在国有投资的建筑工程上强制采用工程量清单计价。这将有利于国有投资的透明交易、公平对价、有效监管、防止腐败，也可以总结经验，完善办法和规则，起到示范和导向作用。

（2）主要特征和实施程序

工程量清单计价制度是以招标时发布工程量清单为主要特征，投标人依据发布的招标工程量清单进行报价，据此择优确定中标人（承包人），并将该承包人的已标价工程量清单作为合同内容的一部分，其作用将贯穿于工程施工及合同履约的全过程，包括以此来进行合同价款的确定、预付款的支付、工程进度款的支付、合同价款的调整、工程变更和工程索赔的处理，以及竣工结算和工程款最终结清等。

工程量清单计价制度具体实施程序如下：

1）发包人或委托咨询人编制招标工程量清单和最高投标限价，发包人随招标文件发布招标工程量清单和最高投标限价；

2）投标人或委托咨询人按工程量清单编制投标报价；

3）发包人与中标人（承包人）依据投标报价签订施工合同（一般宜以单价合同为主），发包人对工程量和项目特征描述负责，承包人对合同单价负责；

4）发包人依据合同支付预付款，依据工程进度进行工程计量，并乘以相应的合同单价，确定付款金额，支付工程进度款；

5）承包人依据施工图和工程变更等进行工程结算计量，依据合同单价和调整因素编制工程结算；

6）发包人委托工程造价咨询企业依据合同、施工图和设计变更等进行工程结算计量，依据合同单价和调整因素审核工程结算，最后结算工程价款。

工程量清单计价的具体流程如图 3-1 所示。

2. 最高投标限价制度

（1）制度依据与目的

最高投标限价制度是指国有资金投资的建筑工程招标的，应当设有最高投标限价。

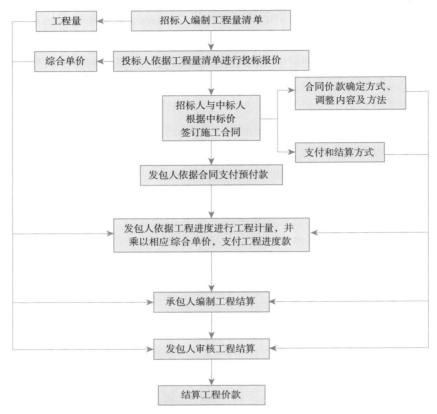

图 3-1　工程量清单计价流程图

对于非国有资金投资的建筑工程招标的，可以设有最高投标限价或者招标标底。最高
投标限价及其成果文件，应当由招标人报工程所在地县级以上地方人民政府住房城乡
建设主管部门备案。

最高投标限价（即招标控制价）是工程量清单计价制度的一个配套制度。其目的：
一是防止"高价围标"和"低价诱标"，进一步实现公平交易；二是替代需要保密的
标底管理形式；三是投标人可对压低或不按国家有关规定编制的招标控制价进行质疑，
防止个别招标人利用主体优势通过压低招标控制价，来恶意压低中标价的现象。

（2）主要特征和实施程序

最高投标限价（招标控制价）制度是在 2008 年修订《建设工程工程量清单计价规范》
中首次提出的。主要要求有：一是对国有资金投资的建筑工程而言，当其超过批准概
算时，可能存在其项目投资不足问题，应重新审核；二是当投标报价高于招标控制价时，
投标人的投标将被拒绝。

最高投标限价（招标控制价）制度实施程序如下：

1）招标人依据拟订的招标文件（包括工程量清单）委托工程造价咨询企业编制招
标控制价；

2）招标人按要求发布招标控制价；

3）招标控制价超过批准的概算时，招标人应将其报原概算审批部门审核，招标中止；

4）投标人可对招标控制价过高或过低，以及违反国家有关规定，损害自身利益的情形进行投诉；

5）招投标管理机构和工程造价管理机构接受投诉，并按规定处理；

6）投标人进行投标报价；

7）评标委员会评标选定合理投标人，中标人的投标报价不得高于招标控制价，且不得低于工程成本。

最高投标限价制度实施的具体流程如图3-2所示。

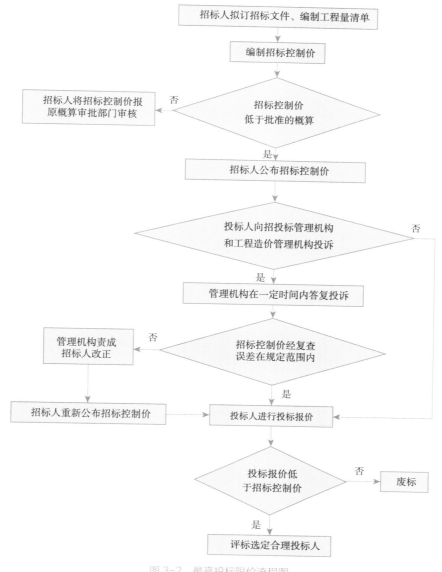

图 3-2　最高投标限价流程图

3. 工程竣工结算审查制度

工程竣工结算审查制度要求，建设工程完工后，应当按照下列规定进行竣工结算：

（1）承包方应当在工程完工后的约定期限内提交竣工结算文件。

（2）国有资金投资建筑工程的发包方，应当委托具有相应资质的工程造价咨询企业对竣工结算文件进行审核，并在收到竣工结算文件后的约定期限内向承包方提出由工程造价咨询企业出具的竣工结算文件审核意见；逾期未答复的，按照合同约定处理，合同没有约定的，竣工结算文件视为已被认可。

非国有资金投资的建筑工程发包方，应当在收到竣工结算文件后的约定期限内予以答复，逾期未答复的，按照合同约定处理，合同没有约定的，竣工结算文件视为已被认可；发包方对竣工结算文件有异议的，应当在答复期内向承包方提出，并可以在提出异议之日起的约定期限内与承包方协商；发包方在协商期内未与承包方协商或者经协商未能与承包方达成协议的，应当委托工程造价咨询企业进行竣工结算审核，并在协商期满后的约定期限内向承包方提出由工程造价咨询企业出具的竣工结算文件审核意见。

发承包双方在合同中对工程结算的编制与审核期限没有明确约定的，应当按照国家有关规定执行；国家没有规定的，可认为其约定期限均为 28 日。

工程结算审查制度是可以保证招投标制度、工程量清单计价制度、招标控制价制度有效落实的重要举措。同时，要求国有资金投资建筑工程的发包方，应当委托具有相应资质的工程造价咨询企业对竣工结算文件进行审核，以加强国有投资工程的工程造价管理。

4. 工程结算审计制度

除工程结算审查制度外，对于政府投资和政府投资为主的建设项目，审计机关依据《审计法》第二十二条的规定对建设项目的总预算或者概算的执行情况、年度预算的执行情况和年度决算、单项工程结算、项目竣工决算，依法进行审计监督；进行审计时，可以对直接有关的设计、施工、供货等单位取得建设项目资金的真实性、合法性进行调查。

工程审计是从国有投资监管的角度对建设项目资金的筹措、工程造价的确定与控制情况、资金的支付、结余、绩效等多方面进行审计和监管，对确保国有投资的增值保值和绩效，防止工程建设方面的腐败和资金滥用起到了重要的监督管理和威慑作用。

但是，从一般的基本建设项目管理程序而言，工程审计并不同于招投标和工程结算审查等制度，也就是说，任何投资项目均可以依据其管理情况自行设定是否审计的程序。对于大多数非国有投资项目而言，尽管也有审计部门进行内部审计，但大多是抽查性审计。目前，我国的政府投资项目基本均进行工程审计，这与我国尚没有形成完善的信用体系有关，其主要目的仍然是行政监督，因此，以其代替工程结算、甚至否定已经生效的工程结算，均是不妥当的。

5. 工程造价纠纷调解制度

工程造价纠纷调解是指承包方对发包方提出的工程造价咨询企业竣工结算审核意见有异议的，在接到该审核意见后一个月内，可以向有关工程造价管理机构或者有关行业组织申请调解，调解不成的，可以依法申请仲裁或者向人民法院提起诉讼。

建立工程造价纠纷调解制度的目的是避免工程纠纷过多地进入漫长的诉讼程序，降低工程造价纠纷的处理费用，化解承发包双方的矛盾，尽快完成工程结算。尽管我国法律对调解有具体建议，并支持多元化的纠纷解决机制，但是，并未规定调解主体，目前大多数工程法律界的专业人士认为，工程纠纷的调解主体以有关工程造价管理机构和行业组织为宜。因此，根据《中华人民共和国合同法》《中华人民共和国标准施工招标文件》等的基本精神，在修订发承包计价办法时，引入了工程造价纠纷调解制度，明确了工程造价纠纷的调解主体，即有关工程造价管理机构或者有关行业组织，旨在鼓励工程造价纠纷调解制度和调解主体的建立。

6. 工程造价鉴定制度

工程造价鉴定是指鉴定机构接受人民法院或仲裁机构委托，在诉讼或仲裁案件中，鉴定人运用工程造价方面的科学技术和专业知识，对工程造价争议中涉及的专门性问题进行鉴别、判断并提供鉴定意见的活动。

工程造价鉴定制度的依据是《司法鉴定程序通则》（司法部令第132号）和《工程造价咨询企业管理办法》《注册造价工程师管理办法》。

工程造价鉴定主要在诉讼或仲裁案件中出现，工程造价鉴定意见作为一种证据，是对工程造价纠纷中的专门性问题进行鉴别和判断，为司法和诉讼提供技术保证。工程造价鉴定不同于一般的工程咨询业务，具有经济鉴证性质，因此，法规和有关规范均要求鉴定人在工程造价鉴定中，严格遵守民事诉讼程序或仲裁规则以及职业道德、执业准则，并应遵循合法、独立、客观、公正的原则。工程造价鉴定应在鉴定委托人要求的期限内作出，并应经历委托、接受、回避反馈、鉴定准备、现场勘验、出庭质证、出具鉴定意见书等必要的程序。工程造价鉴定过程中，鉴定机构应对鉴定人的鉴定活动进行管理和监督，鉴定人有违反法律、法规和本规范规定行为的，当责成鉴定人改正，最后，鉴定机构应在鉴定意见书上加盖公章，鉴定人在鉴定意见书上签名并加盖注册造价工程师执业专用章，方为有效。

3.4 工程造价专业的发展状况

3.4.1 我国工程造价的管理形式与特点

现阶段我国工程造价的管理，更多地体现了历史的传承和中国特色，政府对宏观和微观的工程造价管理发挥着重要的约束作用。按照约束手段来进行划分，主要包括基于法规、标准、定额以及信息管理的四个方面。

1. 法规和文件规制下的工程造价管理

工程造价领域的法规主要是以部门规章和规范性文件的形式进行行业管理的，部门规章有《建筑工程施工发包与承包计价管理办法》（住房城乡建设部令第 16 号）、《注册造价工程师管理办法》（建设部令第 150 号）、《工程造价咨询企业管理办法》（建设部令第 149 号）；规范性文件主要有《建设工程价款结算暂行办法》（财建 [2004]369 号）、《建筑安装工程费用项目组成》（建标 [2013]44 号）等。上述部门规章和规范性文件构建了工程造价管理的造价工程师执业资格制度、工程造价咨询资质管理制度、工程量清单计价制度、工程招标的最高投标限价制度、国有投资工程结算制度、工程造价纠纷调解制度、工程造价鉴定制度、建设工程造价审计制度等。

这些规范性文件主要是依据《中华人民共和国建筑法》《中华人民共和国合同法》《中华人民共和国招标投标法》《中华人民共和国价格法》《中华人民共和国审计法》等法律进行制定的，但是，工程造价管理的立法仍停留在部门规章，工程造价管理的具体上位法仍然缺乏。在市场经济体制下，建筑市场最应该规范的是工程招标，以及工程价格形成、确定、调整等交易和管理规则，因此，应在《工程造价管理条例》《建筑市场管理条例》立法前期研究的基础上，进一步开展深入研究，并推进其尽快立法。有些规章，如《建筑安装工程费用项目组成》纯属于技术性规定的，可以以国家标准《工程造价费用构成通则》形式来表现，应与时俱进地加以完善。此外，在去行政化和市场化改革的大背景下，一方面要强化市场形成价格的机制、完善工程交易规则；另一方面要按照"放管服"的要求，对有些限制市场形成工程价格、限制工程咨询市场持续健康发展的管理制度，也应作出相应的调整。

2. 标准约束下的工程造价管理

近年来，我国工程造价领域的标准化工作得到了长足的发展，针对当前造价管理领域的诸多问题，编制并实施了若干具有行业特点的相关标准，如：《工程造价术语标准》GB/T 50875—2013《建设工程工程量清单计价规范》GB 50500—2013《建设工程造价咨询规范》GB/T 51095—2015、《建筑工程建筑面积计算规范》GB/T 50353—2013、《建设工程造价鉴定规范》GB/T 51262—2017 等。同时，中国建设工程造价管理协会也出台了诸多规范工程造价咨询成果文件编制的协会标准，如：《建设项目投资估算编审规程》CECA/GC1—2015、《建设项目设计概算编审规程》CECA/GC2—2015、《建设项目结算编审规程》CECA/GC3—2010等。这些标准对规范工程造价管理、提高工程造价咨询成果质量起到了重要的作用。

然而，当前标准约束下的工程造价管理方式尚存在一些不足，核心问题体现在工程造价领域相关标准的体系仍不完善，缺乏统一标准的规范和指导。尤其是涉及工程造价成果文件交互数据的地方标准不够统一，有的甚至形成了区域壁垒，这使得工程造价专业的标准化难以达到理想的水平。

3. 政府工程计价定额引导下的工程计价

工程定额一般是指在规定工作条件下，完成合格的单位建筑安装产品所需的劳动、材料、机具、设备以及有关费用的数量标准。工程计价定额泛指在工程建设不同阶段用于计算和确定工程造价的基础性计价依据，工程计价定额仅是工程定额的一部分。多年来，我国的工程计价定额是计算工程造价的主要依据，不同设计阶段应选用不同的工程计价定额。工程规划与可行性研究报告阶段编制投资估算，应用估算指标；初步设计与技术设计阶段编制设计概算，应用概算定额；施工图设计阶段编制设计预算，应用预算定额。估算指标、概算定额是预算定额的基础上，根据工程项目划分情况予以适当综合与扩大，以适应不同设计深度的要求。

当前，国家住房城乡建设行政主管部门共计编制发布了与工程量清单计价配套的建筑工程、设备安装工程、城市轨道交通、市政工程等全国统一计价定额 95 册。截至 2015 年底，各行业编制和发布了专业工程计价定额约 495 册，各地区发布了地方工程计价定额约 1038 册。我国的建设工程预算定额体系基本完善，也基本满足了各类建设工程计价的需要。但是，应该看到，我国的定额修编往往持续时间过长，且很多定额子目存在"以量补价"，人工、机械消耗量明显偏高的问题，亟待进一步完善。

2003 年 5 月 1 日，《建设工程工程量清单计价规范》GB 50500—2003 在我国正式实施，标志着我国开始实行国际通行的工程量清单计价，旨在实现建设工程价格的市场化，弱化工程计价对定额的依赖。但是，因为建设单位和工程造价咨询企业没有积累起相应的市场交易数据和工程成本数据，致使我们的工程计价还得依赖于工程造价管理机构发布的工程计价定额。特别是，2008 年《建设工程工程量清单计价规范》GB 50500—2008 修订后，引入招标控制价（又称最高投标限价）制度，规范 5.2.1 条规定招标控制价编制与复核的根据是：国家或省级、行业建设主管部门颁发的计价定额和计价办法、建设工程设计文件及相关资料、拟订的招标文件及招标工程量清单、工程造价管理机构发布的工程造价信息等，这无形中强化了国家或省级、行业建设主管部门颁发的计价定额及工程造价信息的作用。

工程计价定额本应该定位为国有资金投资工程编制估算、概算、最高投标限价的依据或参考，但实际工作中，因最高投标限价依据政府发布的计价定额和信息价进行编制，而投标人的投标报价往往参照或顺从最高投标限价，也依据政府发布的定额进行投标报价，并以此在工程结算阶段依据工程计价定额进行结算，审计工作依据定额进行审计，发生纠纷依据定额进行调解，这就远远超出了工程计价定额在市场经济体制下应该发挥作用的范围。同时，也弱化了企业编制施工定额、预算定额的积极性，淡化了工程定额本该在工程成本管理、工期管理方面的基础作用。

目前，针对政府发布的工程计价定额在市场经济体制下的定位仍有待明确，即要消除它对市场形成工程价格的直接影响，是摆在各级工程造价管理者面前的一个不可忽视的重要问题。

4. 政府依赖性的工程计价信息支撑

工程计价信息是工程计价的基础，国家基本建设的宏观管理和建设项目的微观管理，都离不开工程价格信息。工程计价信息包括：建设工程造价指数，建设工程造价综合指标，以及建设工程人工、设备、材料、施工机械要素价格信息等。工程计价信息要按照标准化、网络化、动态化的基本原则进行建设，并通过工程造价管理机构、协会、企业的共同参与，打造工程造价信息化平台，进行工程信息的发布、共享和服务。

2007年以来，为进一步加强全国工程造价信息化建设，住房城乡建设部制定了工程造价信息化工作规划和工作制度，印发了《关于做好建设工程造价信息化管理工作的若干意见》。通过国家、行业和地区建设工程造价信息平台的建设、维护和运行，及时准确地发布了工程造价信息，初步形成了工程造价信息网络发布系统，为政府和社会提供了政策信息、行业动态、行政许可和工程造价指数等公共服务，提高了行政管理的效能，建立了分地区的人工成本、住宅和城市轨道建筑安装工程造价指标、建筑工程材料、施工机械信息价格发布制度和基本信息。

当前的主要管理问题是：一是国有投资项目的工程计价过于依赖工程造价管理机构发布的人工、材料、施工机械价格信息；二是信息发布主要局限于人工和材价信息，应该由政府发布的价格指数、典型工程的技术经济指标没有发布，并缺乏配套制度；三是无论工程造价管理机构还是信息服务企业，发布的市场价格信息准确性和时效性不高。

3.4.2　我国工程造价专业的发展成就

1. 工程造价管理制度建设稳步推进

一是以规范工程造价管理各方主体为主的《建筑工程施工发包与承包计价管理办法》《建筑工程安全防护、文明施工措施费用及使用管理规定》《建筑安装工程费用项目组成》《建设工程价款结算暂行办法》等先后出台。二是以规范工程造价咨询企业和工程造价专业人员的《工程造价咨询企业管理办法》、《注册造价工程师管理办法》等规章制度不断完善。三是各地区在行业工程造价管理规章和有关制度基础上，相继出台了工程造价管理法规，保证了各项工程造价管理制度的顺利实施。这些制度为稳步推进工程造价管理体制改革、规范工程造价管理和促进工程造价咨询业的科学发展营造了良好的法制环境。

2. 工程造价管理改革取得一定进展

一是工程量清单计价方式在我国全面实施。推行工程量清单计价，是深化工程造价管理体制改革、有效规范建筑市场秩序的治本措施，也是建筑业发展适应国际惯例、与国际接轨的客观需要。2003年，《建设工程工程量清单计价规范》GB 50500—2003以国家标准形式发布，该规范的出台改变了传统的工程定额计价方式，使工程造价形成机制的改革向前迈出了一大步。2008年、2013年，在及时总结实施中问题和经验的基础上，对该规范进行了两次系统修订。

二是各地积极编制适应工程量清单计价的依据，形成了良性互动。为做好《建设工程工程量清单计价规范》GB 50500 的实施和推广，各地区和行业按照其要求，纷纷编制与工程量清单计价相适应的工程量清单计价指南等，并不断总结和推广实行工程量清单计价以来的经验。

3. 工程计价依据体系初步确立

一是工程造价管理标准体系框架基本形成。近年来，先后以国家标准的形式颁布实施了《工程造价术语标准》GB/T 50875—2013、《建设工程计价设备材料划分标准》GB/T 50531—2009、《建设工程工程量清单计价规范》、《建设工程造价咨询规范》GB/T 51095—2015、《建筑工程建筑面积计算规范》GB/T 50353—2013，以及《房屋建筑与装饰工程工程量计算规范》GB 50854—2013、《通用安装工程工程量计算规范》GB 50856—2013 等 9 部规范。通过不断探索与努力，工程造价管理逐渐形成了以统一工程造价管理基本术语等为基础标准，以规范的工程量清单计价、项目划分和计量规则等为技术规范，以规范各类工程造价成果文件编制的咨询成果质量管理规范多层面的工程造价标准体系框架，并不断加以补充和完善。

二是工程计价定额基本满足了市场需要。多年来，为适应工程造价管理的改革和发展，工程计价定额的框架体系不断完善，优先编制住房保障、节能减排、城乡规划、村镇建设以及工程质量安全等方面的定额。建筑工程、设备安装工程、城市轨道交通、市政工程等各类工程计价定额的体系逐渐形成，基本满足了各类建设工程计价的需要。随着国家对各类基础建设项目投入的逐渐加大，我国的铁路、公路、地铁、高铁、水利等行业相继迈入发展高峰期。为适应随之而来的高、大、难、新工程和节能减排外部约束，合理确定和控制造价，《城市轨道交通工程投资估算指标》GCG 101—2008《城市轨道交通工程预算定额》GCG 103—2008《高速铁路路基、桥梁、隧道、轨道工程补充定额》及特高压直流工程系列定额等先后颁布实施，充分满足了市场需要，对国有建设项目的投资有效管理和工程造价控制，发挥了重要作用。

三是工程计价信息的服务能力进一步加强。为了强化全国工程造价信息建设，制定了工程造价信息化工作规划和工作制度，全国工程造价信息化建设初具规模，通过"中国工程造价信息网"以及行业和地区建设工程造价信息平台，及时准确地发布了工程造价信息，初步形成了工程造价信息网络发布系统，为政府和社会提供了政策信息、行业动态、行政许可等公共服务。建立并完善了全国性的工程造价咨询企业、造价工程师的电子政务管理系统，工程造价信息标准化、动态化、网络化和实效性得以加强，发挥了工程计价的信息支撑作用。

4. 工程造价咨询行业健康发展

一是工程造价咨询行业发展迅速。自 1996 年工程造价咨询制度建立后，工程造价咨询行业发展态势良好，已经得到建设市场各方的广泛认可，在为政府和社会提供大量卓有成效的咨询服务的同时，自身也在经济建设实践中得到了锻炼，并不断成长壮大。截至 2017 年底，工程造价咨询企业有 7800 家，甲级资质企业 3700 多家，占 48%。工程造价咨询企业从业人员 50 多万人，其中，注册造价工程师 8.7 万人，工程造价咨询企业共有各类专业技术人员近 34 万人，具有高级职称人员 7.7 万人。工程造价咨询企业的营业收入为 1469 亿元，比上年增长 22.05%。其中，工程造价咨询业务收入 661 亿元，比上年增长 10.99%，占全部营业收入的 45%。按工程建设的阶段服务内容划分，全过程工程造价咨询业务和工程实施阶段咨询业务收入 306 亿元，占比为 46%。可以说，工程造价专业进入了稳定、多元和高质量发展的阶段。

二是业务范围从工程计价发展到全过程造价管理。随着业务范围的不断拓展和服务的不断深入，工程造价咨询在合理确定与有效控制工程造价、提高工程投资效益、维护各方权益等方面发挥着重要作用。工程造价咨询业务逐渐从依附和服务于设计进行过程计价，发展成为建设市场认可的工程造价控制主体。工程造价咨询已成为决策阶段经济评价、设计阶段造价控制、工程交易阶段合同价格确定、施工阶段工程款拨付、工程竣工阶段工程结算和工程决算的基础。更可喜的是，工程造价咨询正在从单一的各阶段工程计价和控制，逐渐向建设项目全过程造价管理方向发展，对工程建设发展的质量和管理水平起到了积极的促进作用。目前，全过程工程造价咨询收入占工程造价咨询业务的比例已经超过三分之一，工程造价咨询企业不断拓展综合工程咨询业务，开展综合咨询业务的企业已经超过一半以上，且呈逐年上升趋势，工程造价专业人员的执业能力和综合服务能力不断提高，企业的核心竞争力不断增强。

三是工程造价咨询业正在向更高层次发展。为了保持工程造价咨询行业的可持续发展，通过行业自律、诚信体系建设、继续教育等手段提高了行业自律能力和全行业的声誉。同时，为了避免同质化的发展和低水平的竞争，部分工程造价咨询企业开始了专业分工的细化和深化，如：有的工程造价咨询企业提出了主要面向全国超高层公共建筑、大型建筑、群体建筑、大型场馆等进行全过程工程造价咨询的"蓝海战略"，有的工程造价咨询企业把主要业务面向水电、地铁、石油化工的"专业化战略"，还有的工程造价咨询企业主要面向"全过程造价管理咨询""全过程造价审计"等业务，为行业的可持续发展奠定了基础。许多企业已成为各部门、各地区经济建设的骨干，在高质量完成重大项目建设任务的过程中，逐步形成专业技术特色，在能源、交通运输、市政工程等基础设施建设以及房屋建筑等领域显示了实力。

工程造价咨询作为建设工程管理的重要手段，尤其是在有效控制和管理政府投资工程，加强政府和国有投资项目的监督管理、工程审计，以及确保工程质量和安全等方面，均发挥着不可替代的作用。此外，工程造价咨询企业的造价纠纷鉴定业务和造价工程师参与仲裁业务逐步得到各方利益主体的认可，为化解经济矛盾和维护社会稳定作出了一定贡献。

5. 形成了多层次工程造价专业人才培养体系

1996 年，人事部、建设部联合印发了《造价工程师执业资格制度暂行规定》（人发〔1996〕77 号），标志着造价工程师执业资格制度在我国正式实施。20 多年来，造价工程师执业资格制度不断得到完善与发展，形成了以造价工程师职业资格制度为主的人才培养体系。具体表现有：

（1）造价工程师管理和考务等制度日趋成熟。一是 2018 年住房城乡建设部、交通运输部、水利部、人力资源社会保障部发布了《造价工程师职业资格制度规定》《造价工程师职业资格考试实施办法》，这是自 1996 年以来一次重要的系统修订，在当前去行政化改革的大背景下，造价工程师职业资格制度得以进一步完善与加强，文件明确了造价工程师为准入类职业资格，纳入国家职业资格目录。工程造价咨询企业应配备造价工程师；工程建设活动中有关工程造价管理岗位按需要配备造价工程师。造价工程师分为一级造价工程师和二级造价工程师。二是自造价工程师执业资格考试制度实施以来，为了适应造价工程师的知识结构和能力水平的要求，造价工程师考试大纲和培训教材进行了 6 版修订，执业资格考试平稳、有序，社会反响较好。截至 2017 年底，通过考试取得造价工程师执业资格的人员为近 20 万人，注册人员为 16.6 万人。2018 年，在二级造价工程师尚未开考的情况下，一级造价工程师执业资格考试报名人数再创新高，近 30 万人。2019 年，各地和交通、水利行业二级造价工程师职业资格考试将顺利开展，造价工程师考试也将迎来历史新高。

（2）工程造价专业本科教育取得突破。为了建立工程造价专业人才的培养机制，行业内的领导和专家们，不断借鉴国内外执业资格制度教育方面的先进经验，完善学历教育与继续教育和素质教育等方面的制度措施，探索形成造价工程师可持续的系统性、经常性和有针对性的培训体系。2012 年，在各方面专家努力和领导的支持下，工程造价专业进入教育部"普通高等学校本科专业目录"，工程造价专业的高等教育获得新的历史发展机遇。在住房和城乡建设部土建学科工程管理和工程造价专业指导委员会的组织和中国建设工程造价管理协会的积极协助下，为适应工程造价专业学科建设和发展的需要，组织编制了《高等学校工程造价本科指导性专业规范》（2015 年版），成为各大院校设立工程造价专业的教学管理的重要依据。目前，工程造价专业的高等教育基本形成了以高等教育机构为主，政府主管部门、行业协会积极指导，整个社会共同参与，符合市场需求的"三位一体"的培养模式。

（3）造价工程师继续教育不断深入。依据《注册造价工程师管理办法》对继续教育提出的具体要求和意见，中国建设工程造价管理协会制定了《注册造价工程师继续教育管理办法实施细则》等相关文件，编写"注册造价工程师继续教育培训大纲"，为开展注册造价工程师继续教育工作提供了依据。并创新性地开展了以网络教育为主的继续教育方式，极大地方便了造价工程师参加继续教育学习，逐渐形成以网络教育为主、面授为辅、多种形式并存的继续教育培训模式。利用全国造价工程师网络继续教育平台，提供近 200 个丰富生动的课件，编制了一批优质培训教材，供广大工程造价专业人员使用。2015 年，中国建设工程造价管理协会还发布了《关于改进造价工程师继续教育形式的五点意见》，提出了集中教育、网络培训、企业培训、研究成果与论文、国际交流 5 个方面的教育路径，旨在充分发挥行业和社会力量参与造价工程师继续教育工作，扩大继续教育形式和认可范围，适应持续教育的需要。

通过不懈努力，造价工程师的培养形成了一套完整的从学历教育到继续教育的终身教育培养体系，贯穿了造价工程师的整个学习和职业生涯。

6. 国际交流与合作得以加强，国际地位不断提升

随着国家"一带一路"倡议的实施，我国工程造价咨询业迎来了国际化发展的新机遇。我国各级工程造价管理机构和行业组织积极参与国际交流与合作，为工程造价咨询企业进入国际舞台做好准备。在住房城乡建设部和外交部的支持下，中国建设工程造价管理协会以中国唯一代表的身份分别于 2003 年、2007 年，加入亚太区工料测量师协会（PAQS）和国际造价工程联合会（ICEC），中国的工程造价行业和造价工程师在国际工程造价领域的地位不断提升。此外，中国建设工程造价管理协会还与英国皇家特许测量师学会等进行了资格互认。与此同时，中国工程造价咨询企业随着中国投资和中国建设走出去，已经陆续开展了国际工程造价咨询业务。

3.4.3 我国工程造价管理的主要问题

改革开放以来，我国工程造价管理不断适应经济体制改革的需要，经历了政府定价、政府指导价、市场调节价（为主）的发展历程，也取得了较大的成就，但与完善的市场经济体制的发展要求，还有很大差距，概括起来主要表现在以下几个方面：

1. 工程造价管理工作缺乏法律法规的有效支撑

工程造价管理的立法十分薄弱，在工程造价管理制度上，工程造价管理与监督上位法缺乏，导致工程造价管理机构定位不清、监管乏力，建筑市场在市场秩序、公平交易、合理确定工程价格、合同如实履约以及工程价款支付、工程质量与安全上缺乏有效的保证。与律师、会计师、建筑师相比，造价工程师的职能没有法律和行政法规上的体现，工程造价咨询业的执业环境有待改善。

2. 各方主体过度依赖政府发布的工程计价依据

投资管理、工程建设、财政、审计等部门，以及建设单位、施工企业、工程造价咨询企业等与工程建设相关的各方主体，过度地依赖政府发布的工程定额、计价定额、费用定额、工程计价信息，进行工程造价的确定与核算以及争议的解决，不符合市场竞争形成价格的发展要求，没有形成市场化的工程造价管理体系。

3. 没有发挥好合同管理在工程造价管控中的关键作用

建设单位和工程咨询企业没有发挥好合同管理在工程造价管控中的关键作用，没有重视以合同方式全面地管控工程、工程价格和工程价款支付，没有运用好招标人发布

的工程量清单和投标人的投标报价作为合同的重要组成部分，所承载的工程交易、工程计量支付以及工程结算的重要作用。

4. 工程建设各方主体信任和诚信缺乏

工程造价专业人员的工作重点更多的是集中于工程计价业务，且不断重复进行核定工作，没有着眼于建设项目全寿命周期的价值管理，没有发挥好各方主体在工程造价管理上的应有作用。

5. 工程造价咨询企业整体实力有待提升

工程造价咨询企业太多地依靠政府的工程定额和工程计价信息供给，大多数企业没有企业标准、作业规范的作业模板、业务指南，更没有自身的企业定额、典型工程数据库、工程计价信息库以及可资源化的业务成果。工程造价咨询企业规模普遍偏低，业务建设投入十分薄弱，整体实力有待提升，规范管理和诚信建设有待加强。

6. 企业定额主要作用没有有效发挥

部分施工企业没有建设自身的企业定额，并依靠企业定额和投标项目的施工组织方案进行投标报价，围绕交易价格以包代管，没有发挥施工企业定额在投标报价、工程分包、工料计划、成本管理等方面的核心作用。大多数施工企业管理层级过多，且放权项目经理进行工程分包、劳务分包、设备材料采购，没有形成先进的企业管理机制，没有发挥好企、特别是大型企业在人、财（资金）、物（材料、设备）供应链管理、物流管理方面的成本管理优势，经营管理粗放。

3.5　我国工程造价专业的改革与发展方向

2013 年，十八届三中全会通过了《中共中央关于全面深化改革若干重大问题的决定》。为了贯彻该决定精神，住房城乡建设部标准定额司在广泛调研的基础上提出了"属于宏观管理要尽职，属于公共服务要到位，属于微观管理要放手"的工程造价管理改革思路，并于 2014 年 9 月发布了《住房城乡建设部关于进一步推进工程造价管理改革的指导意见》（建标［2014］142 号）。提出："到 2020 年，健全市场决定工程造价机制，建立与市场经济相适应的工程造价管理体系。完成国家工程造价数据库建设，构建多元化工程造价信息服务方式。完善工程计价活动监管机制，推行工程全过程造价服务。改革行政审批制度，建立造价咨询业诚信体系，形成统一开放、竞争有序的市场环境。实施人才发展战略，培养与行业发展相适应的人才队伍。"该意见为我国工程造价专业的改革与发展确定了方向。

1. 健全市场决定工程造价制度

加强市场决定工程造价的法规制度建设，加快推进工程造价管理立法，依法规范市场主体计价行为，落实各方权利义务和法律责任。全面推行工程量清单计价，完善配套管理制度，为"企业自主报价，竞争形成价格"提供制度保障。细化招投标、合同订立阶段有关工程造价条款，为严格按照合同履约、工程结算与合同价款支付夯实基础。

按照市场决定工程造价原则，全面清理现有工程造价管理制度和计价依据，消除对市场主体计价行为的干扰。大力培育造价咨询市场，充分发挥造价咨询企业在造价形成过程中的第三方专业服务的作用。

2. 构建科学合理的工程计价依据体系

逐步统一各行业、各地区的工程计价规则，以工程量清单为核心，构建科学合理的工程计价依据体系，为打破行业、地区分割，服务统一开放、竞争有序的工程建设市场提供保障。

完善工程项目划分，建立多层级工程量清单，形成以清单计价规范和各专（行）业工程量计算规范配套使用的清单规范体系，满足不同设计深度、不同复杂程度、不同承包方式及不同管理需求下工程计价的需要。推行工程量清单全费用综合单价，鼓励有条件的行业和地区编制全费用定额。完善清单计价配套措施，推广适合工程量清单计价的要素价格指数调价法。

研究制定工程定额编制规则，统一全国工程定额编码、子目设置、工作内容等编制要求，并与工程量清单规范衔接。厘清全国统一、行业、地区定额专业划分和管理归属，补充完善各类工程定额，形成服务于从工程建设到维修养护全过程的工程定额体系。

3. 建立与市场相适应的工程定额管理制度

明确工程定额定位，对国有资金投资工程，作为其编制估算、概算、最高投标限价的依据；对其他工程仅供参考。通过购买服务等多种方式，充分发挥企业、科研单位、社团组织等社会力量在工程定额编制中的基础作用，提高工程定额编制水平。鼓励企业编制企业定额。

建立工程定额全面修订和局部修订相结合的动态调整机制，及时修订不符合市场实际的内容，提高定额时效性。编制有关建筑产业现代化、建筑节能与绿色建筑等工程定额，发挥定额在新技术、新工艺、新材料、新设备推广应用中的引导约束作用，支持建筑业转型升级。

4. 改革工程造价信息服务方式

明晰政府与市场的服务边界，明确政府提供的工程造价信息服务清单，鼓励社会力量开展工程造价信息服务，探索政府购买服务，构建多元化的工程造价信息服务方式。

建立工程造价信息化标准体系。编制工程造价数据交换标准，打破信息孤岛，奠定造价信息数据共享基础。建立国家工程造价数据库，开展工程造价数据积累，提升公共服务能力。制定工程造价指标指数编制标准，抓好造价指标指数测算发布工作。

5. 完善工程全过程造价服务和计价活动监管机制

建立健全工程造价全过程管理制度，实现工程项目投资估算、概算与最高投标限价、合同价、结算价政策衔接。注重工程造价与招投标、合同的管理制度协调，形成制度合力，保障工程造价的合理确定和有效控制。

完善建设工程价款结算办法，转变结算方式，推行过程结算，简化竣工结算。建筑工程在交付竣工验收时，必须具备完整的技术经济资料，鼓励将竣工结算书作为竣工验收备案的文件，引导工程竣工结算按约定及时办理，遏制工程款拖欠。创新工程造价纠纷调解机制，鼓励联合行业协会成立专家委员会进行造价纠纷专业调解。

推行工程全过程造价咨询服务，更加注重工程项目前期和设计的造价确定。充分发挥造价工程师的作用，从工程立项、设计、发包、施工到竣工全过程，实现对造价的动态控制。发挥造价管理机构专业作用，加强对工程计价活动及参与计价活动的工程建设各方主体、从业人员的监督检查，规范计价行为。

6.推进工程造价咨询行政审批制度改革

研究深化行政审批制度改革路线图，做好配套准备工作，稳步推进改革。探索造价工程师交由行业协会管理。将甲级工程造价咨询企业资质认定中的延续、变更等事项交由省级住房城乡建设主管部门负责。

放宽行业准入条件，完善资质标准，调整乙级企业承接业务的范围，加强资质动态监管，强化执业责任，健全清出制度。推广合伙制企业，鼓励造价咨询企业多元化发展。

加强造价咨询企业跨省设立分支机构管理，打击分支机构和造价工程师挂靠现象。简化跨省承揽业务备案手续，清除地方、行业壁垒。简化申请资质资格的材料要求，推行电子化评审，加大公开公示力度。

7.推进造价咨询诚信体系建设

加快造价咨询企业职业道德守则和执业标准建设，加强执业质量监管。整合资质资格管理系统与信用信息系统，搭建统一的信息平台。依托统一信息平台，建立信用档案，及时公开信用信息，形成有效的社会监督机制。加强信息资源整合，逐步建立与工商、税务、社保等部门的信用信息共享机制。

探索开展以企业和从业人员执业行为和执业质量为主要内容的评价，并与资质资格管理联动，营造"褒扬守信、惩戒失信"的环境。鼓励行业协会开展社会信用评价。

8.促进造价专业人才水平提升

研究制定工程造价专业人才发展战略，提升专业人才素质。注重造价工程师考试与继续教育的实务操作和专业需求。加强与大专院校联系，指导工程造价专业学科建设，保证专业人才培养质量。

该意见可以说是继2003年工程量清单计价制度改革后，又一次系统化的工程造价管理改革部署，对通过市场竞争形成工程造价、决定工程价格，以及促进行业的健康持续发展、工程造价专业人员的素质提升提出了具体的任务与措施。

总之，我国的工程造价市场化进程依然较慢，各方主体的造价工程师依赖政府供给的定额进行工程计价，已经成为工程造价管理改革的瓶颈，也制约了造价工程师在建设项目价格管理、工程施工成本管理以及综合工程咨询和工程项目管理方面能力的提升。因此，要围绕健全市场决定工程造价机制，建立与市场经济相适应的工程造价管理体系，深化工程造价管理改革，并重点做好以下几项工作：

一要健全以工程发承包和工程价款结算为主的工程造价管理制度，实现"法律制度健全，交易规则明晰，价格市场形成，监管切实到位"的工程造价管理环境。

二要完善以市场需求为主的工程交易规则，实现工程总承包、施工承包、专业分包的工程计价、计量规则的全覆盖。

三要优化以工程计价定额和工程计价信息为主的公共服务，提高编制质量，实现国有投资项目各阶段工程计价定额的全覆盖和工程计价信息的动态化。

四要完善以工程造价咨询业务为主的工程造价成果文件技术标准，实现各阶段工程计价文件的规范化、数据格式的标准化。

五要推进工程造价咨询企业信息化建设，促进工程造价咨询企业经营的规模化、业务的综合化和市场的国际化。

六要完善以造价工程师职业资格制度、个人会员制度为主的人才培养机制，促进学历教育、资格准入、继续教育的有效衔接，并通过行业领军人才带动造价工程师素质的全面提升。

4

我国的工程造价管理体系

【教学提示】

本章通过对我国工程造价管理体系研究成果的介绍，并结合上一章关于工程造价管理制度的学习，让学生了解我国工程造价管理体系与工程造价管理改革的发展方向，为专业学习和职业发展打开视野。

　　造价工程师执业资格制度建立以来，中国的工程造价行业得到了迅速发展，也取得了很大成就。但是，我们必须清醒地看到，造价工程师知识结构相对单一，能力素质，尤其是项目策划能力还有待进一步提高，主要工作还停留在计量和计价的基本业务，具有系统工程管理理论和技能的人员仍很匮乏。

　　随着国务院办公厅印发的《国务院办公厅关于促进建筑业持续健康发展的意见》（国办发〔2017〕19号）逐步落实，工程造价专业将面临四个方面的挑战。一是去行政化改革将是大势所趋，工程造价咨询企业资质等咨询类资质管理制度将被弱化并逐步取消，全过程工程咨询、全面工程项目管理、综合工程咨询业务将显著增加，工程咨询企业将加快融合、工程造价专业咨询将融入工程咨询业。 二是工程总承包、建筑装配化将会促进设计、制造、建造等产业链的健康发展，实现建筑的工业化，同时，也会弱化传统的工程造价咨询业务。三是建筑领域BIM技术、通用的数字信息技术的发展，将使工程造价咨询的信息获得成本和劳务成本降低，工程咨询业将面临互联网、大数据、平台经济、共享经济、现代供应链等先进理念的组织再造，管理模式创新，技术能力创新。这就需要造价工程师更加深入地开展建设项目全过程工程造价管理的研究和工程实践，紧跟数字信息技术的步伐，加强自身业务学习，开展好建设项目全要素造价管理的研究与实践，以工程造价管理水平为前提，关注质量、工期、安全、环境和技术进步等其他要素对工程造价及整个建设项目的综合影响，进一步开展建设项目全寿命周期价值管理的研究、探索与实践。

　　总之，传统的工程造价管理模式已经不能完全适应工程造价专业持续健康发展的要求，需要构建更为适应我国法律框架、业务发展以及信息技术发展要求的新的工程造价管理体系。

　　2011年开始,中国建设工程造价管理协会在受托编制《工程造价行业发展"十二五"规划》时，首次提出了"要构建以工程造价管理法律、法规为制度依据，以工程造价标准规范和工程计价定额为核心内容，以工程计价信息为服务手段的工程造价管理体系"的总体思路，并持续开展了中国工程造价管理体系的课题研究，提出了市场经济体制下中国工程造价管理体系的依据、基本原则和具体内容等。下面是对课题研究成果的介绍，目的是让工程造价专业的学生对工程造价管理体系有整体的认识。

4.1　工程造价管理体系综述

4.1.1　体系的特征与分类

　　根据ISO 9000:2005《质量管理体系基础和术语》对"体系"的解释,体系（System）是一个科学术语，泛指一定范围内或同类的事物按照一定的秩序和内部联系组合而成的整体。汉语词典释义："体系是指若干有关事物或某些意识相互联系而构成的一个整体。"按《辞海》，"体系是指由若干有关事物互相联系、互相制约而构成的一个整体"。

　　具体来看，在用观察、实验等方法进行科学研究时，必须先确定所要研究的对象，把一部分物质与其余的分开（可以是实际的，也可以是想象的）。这种被划定的研究对象，就称为体系或物系，而在体系以外与体系密切相关、影响所能及的部分，则称为环境。为了便于研究问题，可以把体系分为三种：体系完全不受环境的影响，和环境之间没有物质或能量的交换者，称为隔离体系（或孤立体系）；体系与环境之间没有物质的交换，但可以发生能量的交换者，称为封闭体系；体系不受上述限制，即体系与环境之间可以有能量以及物质交换者，称为敞开体系。世界上一切事物总是有机地互相联系、互相依赖、互相制约的，因此不可能有绝对的隔离体系。但是为了研究问题的方便，在适当的条件下，可以近似地把一个体系看成是隔离体系。

　　自然界的体系遵循自然的法则，而人类社会的体系则要复杂得多。如目前我国各个领域应用的"体系"就包括：法律体系、管理体系、质量体系等。

1. 体系的特征

　　从特征的角度来看，体系具有的特征属性可以概括为：

　　（1）整体性。一个体系是由若干部分组成的，各组成部分相互关联、相互配合、相互协调，形成一个有机的整体，整体性是体系的基本特征。

　　（2）层次性。体系的层次性是系统性的具体化。就体系本身而言，各组成部分按照对体系的重要性而形成不同层次。

　　（3）关联性。体系的关联性是指体系各组成部分之间在职能分工上是相互关联的。区域的每一个组成部分都有各自不同的分工，这些功能分工对于体系而言是互相关联、互相补充的，彼此分工协作共同形成体系的功能。其中每一部分在功能上的改变都会对体系的其他部分产生影响。

　　（4）集聚性。体系的集聚性是指体系在布局结构上形成的特点。在一个体系中，那些性质相近、区位相近、功能相近的成分往往容易在集聚效应下逐渐聚合在一起，形成某一发展中心、发展轴或发展带。这些区域形成以后，又会作为一个整体对周围继续产生集聚效应，从而推动体系的发展。

　　（5）动态性。依据发展的理论，任何事物都是不断发展变化的，体系也具有动态性，是一个不断发展变化的系统。体系的动态过程就是由于体系中的某一部分或某一要素发生明显变化，从而引发体系不断调整的过程。

2. 体系分类的方法

　　体系（及类别）的科学分类是科学研究的重要基础，也是进行制度设计、研究成果表现、项目管理的前提。体系的分类有多种方法，主要有：

　　（1）阶段分类法。即按分类对象的发展阶段进行划分。如按照基本建设阶段，工程建设可以分为决策阶段、设计阶段、交易（发承包）阶段、施工阶段、竣工阶段、运维阶段等。对应不同阶段有不同的管理体系。

　　（2）层次分类法。即按分类对象的管理权限、作用、范围进行划分。如标准有国际标准、国家标准、行业标准、地方标准和企业标准等。

（3）性质分类法。即按分类对象的性质进行划分。如标准可以分成强制性标准和推荐性标准，工程定额分为工期定额、劳动定额、工程计价定额等。

（4）内容分类法。即按分类对象的具体内容进行划分。如预算定额包括房屋建筑、建筑安装工程、市政工程、园林工程等。

4.1.2 工程造价管理体系的含义

工程造价管理体系是指规范建设项目的工程造价管理的法律法规、标准、定额、信息等相互联系且可以进行科学划分的一个整体。广义上看，工程造价管理体系也应包括工程造价管理的组织体系，因我国工程造价管理体制一直处于改革和调整之中，对工程造价管理体系的研究，一般多从工程造价管理的技术体系和知识体系方面进行研究。据此，我国的工程造价管理体系范围包括工程造价管理的相关法律法规、管理标准、计价定额和计价信息等。

4.1.3 工程造价管理体系的建设目的

研究并制定工程造价管理体系的目的是指导我国工程造价管理法制建设和制度设计，依法进行建设项目的工程造价管理与监督，规范建设项目投资估算、设计概算、工程量清单、招标控制价和工程结算等各类工程计价文件的编制；明确各类工程造价相关法律、法规、标准、定额、信息的作用、表现形式以及体系框架，避免各类工程计价依据之间不协调、不配套、甚至互相重复和矛盾的现象；最终，通过建立我国工程造价管理体系，提高我国建设工程造价管理的水平，打造具有中国特色和国际影响力的工程造价管理体系。

4.1.4 工程造价管理体系的总体架构

1. 工程造价管理体系划分原则

工程造价管理体系的划分主要是依据工程造价管理的概念、含义，学科体系和工作任务。从对工程造价管理的定义和学科特点看，工程造价管理涉及法律、管理、工程技术、经济和信息技术等多学科，因此其体系也是复杂和庞大的。它包括工程造价管理的法律法规体系、组织管理体系、技术体系和经济体系。工程造价管理体系中组织管理体系是受上层建筑和机构设置、现状等多因素所影响的，这方面大多难以在技术层面展开研究，属于行政管理制度的设计，在进行技术体系研究时，一般均不作研究。

2. 工程造价管理体系的总体架构及内容

工程造价管理体系是工程造价管理的总体系统框架，包括工程造价管理的法律法规、工程造价管理的标准、工程计价定额和工程计价信息等。因此，工程造价管理划分成工程造价管理法规体系、工程造价管理标准体系、工程计价定额体系以及工程计价信息体系四大子体系。工程造价管理体系的总体框架见图4-1。

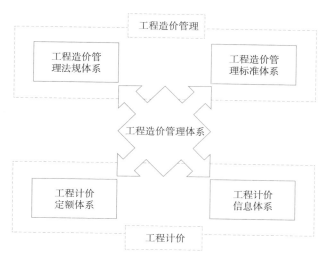

图 4-1　工程造价管理体系总体框架图

3. 工程造价管理体系的内在关系

从工程造价管理体系的总体架构看，工程造价管理的法律法规体系、工程造价管理的标准体系，属于工程造价宏观管理的范畴；而工程计价定额体系、工程计价信息体系，属于工程造价微观管理的范畴。前两项是以工程造价管理或基本建设管理、工程管理为目的的，需要有法规和行政授权加以支撑，这也是一个法治国家应该加强的宏观管理制度，是工程造价管理改革应重点加强的；后两项服务于微观工程计价业务，在市场化的体制下，要实现市场竞争形成工程造价，就应该逐步放给市场。

工程造价管理体系内，法律法规体系是位于整个工程造价管理体系最上层的制度依据，对其他要素起到约束和指导作用。工程造价管理标准体系是整个工程造价管理体系技术上的核心内容，是工程计价定额体系以及工程计价信息体系规范管理与科学发展的基础。工程计价定额体系通过提供全国、行业、地方定额的参考性依据和数据，指导企业定额编制，起到规范管理和科学计价的作用。工程计价信息体系则是保证各个要素间信息传递以及成果形成的主要支撑，是工程计价依据能够有效实施的保障，通过信息的及时更新有利于工程造价活动各个层面的具体操作。

4. 工程造价管理体系建设要求

工程造价管理体系中的工程造价管理标准体系、工程计价定额体系和工程计价信息体系，是当前我国工程造价管理机构最主要的工作内容，也是工程计价的主要依据，因此，又将工程造价管理标准体系、工程计价定额体系和工程计价信息体系称为工程计价依据体系，这是我国工程造价管理体系建设与公共服务的重要内容。

工程造价管理体系并非是一成不变的，特别是，我国仍然处于社会主义市场经济体制的改革发展时期，与经济体制改革密切相关的基本建设管理体制或投资管理改革还处在一个逐步完善的阶段，其核心是管理主体和工程价格的改革。在市场经济体制、基本建设管理体制调整过程中，我国的工程造价管理体制应不断适应其发展需要，进行完善、调整与发展。2014 年，中国建设工程造价管理协会在出席亚洲和太平洋地区第 18 届年会时指出：一个专业要发展的前提，一是要有能够服务于社会，被社会认同和接受的完善知识结构，并为社会创造价值。二是要有支撑行业发展的法律法规、技术标准和核心技术内容。中国的造价工作者应进行不懈的努力，打造一个与北美工程造价管理体系、英联邦工料测量体系同样具有国际影响力的中国工程造价管理体系。

4.2 工程造价管理法规体系

工程造价管理的法规体系主要包括工程造价管理的法律、法规和规范性文件。重点是两个方面：一是宏观工程造价管理的相关制度，二是围绕工程造价行业管理的相关制度。在工程造价管理法规体系建设方面，应逐步建立包括国家法律、地方立法和部门立法在内的多层次法律框架体系。工程造价管理法律法规体系见图 4-2。

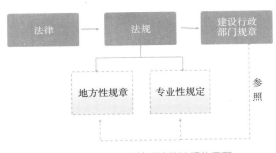

图 4-2 工程造价管理法律法规体系图

4.2.1 法律

与工程造价管理直接相关的法律包括《中华人民共和国建筑法》《中华人民共和国招标投标法》《中华人民共和国价格法》《中华人民共和国合同法》《中华人民共和国审计法》等。上述法律决定了我国的基本建设管理制度，涵盖了工程造价管理的主要内容、管理原则和相关制度要求，也是工程造价管理方面建立行政法规和部门规章的前提。

4.2.2 行政法规

行政法规是国务院为领导和管理国家各项行政工作，根据宪法和法律，并且按照《行政法规制定程序条例》的规定而制定的政治、经济、教育、科技、文化、外事等各类法规的总称。行政法规的制定主体是国务院，根据法律的授权，经过法定程序制定，具有法的效力，它一般以条例、办法、实施细则、规定等形式发布。行政法规的效力次于法律、高于部门规章和地方法规。针对工程造价管理的专门性行政法规还处于空白状态，目前，与工程造价管理相关的法规主要有《招标投标法实施条例》《建设工程勘察设计管理条例》《建设工程质量管理条例》《建设工程安全管理条例》，以及各类税法实施细则等相关法规。

从工程造价在工程管理中的作用看，工程造价是工程建设各方关注的焦点，对工程建设的各要素发挥着重大的制约作用。因此，有必要单独制定与质量管理条例、安全管理条例具有同样地位的工程造价管理条例，把工程造价管理的主体、原则、内容和相关制度通过行政法规加以明确。

4.2.3 部门规章

部门规章是国务院各部门、各委员会等根据法律、行政法规的规定和国务院的决定，在本部门的权限范围内制定和发布的调整本部门范围内行政管理关系的命令、指示和规章等。部门规章一样要经过法定程序制定，并不得与宪法、法律和行政法规相抵触，更具体、更具操作性。目前，工程造价管理方面已经制定了《建筑工程施工发包与承包计价管理办法》《工程造价咨询企业管理办法》《造价工程师注册管理办法》《造价工程师职业资格制度规定》《建设工程定额管理办法》等规范性文件。

住房城乡建设部还联合财政部制定了《建设工程价款结算暂行办法》《建筑安装工程费用项目组成》等规范性文件，并围绕资质、资格、定额、信息管理制定了一些管理办法。

此外，铁道、交通、电力、水利等国务院相关专业工程建设部门，亦应完善自身业务管理范围内的行业规章，编制相应的建设工程造价管理办法等。

4.2.4 地方法规、规章和规范性文件

地方立法是指由省、自治区、直辖市人民代表大会及其常务委员会依法制定并颁布的法规，省、自治区、直辖市以及省会城市和经国务院批准的较大城市的人民政府颁布的规章。目前，各地依据国家的法律法规和建设行政主管部门的行业规章，为完善其行政区域内的地方法规和规章，大多制定了相应的建设工程造价管理条例或建设工程造价管理办法。

除此之外，我国地方工程造价管理部门还根据国家政策法规调整、市场环境调整，不定期地发布规范计量计价行为的有关要素价格、费率、计价方法等调整和规范的文件，用于指导工程计价活动。如《关于计取市政基础设施建设工程扬尘防治措施费的通知》《关于调整建设工程安全文明施工费管理工作的通知》等，这些文件影响着工程价格的形成，对于造价工程师的微观计价活动至关重要。

4.3 工程造价管理标准体系

4.3.1 工程造价管理标准体系的定义与分类

1. 工程造价管理标准体系的定义

工程造价管理标准体系泛指除应以法律、法规进行管理和规范的内容外，还应以国家标准、行业标准进行规范的工程管理和工程造价咨询行为、质量的有关技术内容。

2. 工程造价管理标准体系的划分

工程造价管理的标准体系按照管理性质可分为，统一工程造价管理基本术语、费用构成等的基础标准；规范工程造价管理行为、项目划分和工程量计算规则等的管理规范；规范各类工程造价成果文件编制的业务操作规程；规范工程造价咨询质量和档案质量的质量标准；规范工程造价指数发布及信息交换的信息标准等。工程造价管理标准体系的划分见图4-3。

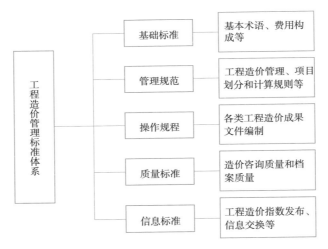

图 4-3　工程造价管理标准体系划分图

4.3.2 基础标准

（1）工程造价术语标准。《工程造价术语标准》GB/T 50875—2013 于 2013 年颁布，该标准是工程造价管理最基础的标准，目的是统一和规范工程造价术语，也是规范工程造价、工程计价、工程造价管理的重要基础。

（2）建设工程计价设备材料划分标准。《建设工程计价设备材料划分标准》GB/T 50531—2009 是针对工程计价中设备材料的划分而制定的，规范设备购置费、建筑安装工程费的分类，同时为工程造价文件编制时计算税金提供重要的参考或依据。于 2009 年颁布实施。

（3）建设工程造价费用构成通则。建设工程的费用构成和分类是工程计价的重要基础工作。目前，我国建筑安装工程费用项目组成仍以规范性文件《建筑安装工程费用项目组成》的形式来发布，执行的是 2013 年住房城乡建设部、财政部联合发布的［建标（2013）44 号文］，是计算建筑安装工程费的主要依据。

《建筑安装工程费用项目组成》的定位为划分和计算建筑安装工程费的基础性文件，得到了社会的普遍认同。但是，从本质上讲，它仍是一个基础性的技术性标准，且未完全涵盖整个工程造价，因此，非常有必要制定权威性的《建设工程造价费用构成通则》，目的是以标准的形式规范工程造价中各类费用的构成及其含义、基本计算方法等，并以通则的形式对各类工程费用构成加以明确和规定，形成完善清晰的工程造价项目划分和费用内容。目前，有关单位正在开展这方面的基础工作。

4.3.3　管理规范

（1）建设工程工程量清单计价规范。2003 年，我国颁布了《建设工程工程量清单计价规范》GB 50500—2013，目的是针对市场化发展的要求，推行工程量清单计价，规范工程量清单计价文件的编制。但是，经过 2008 年、2013 年的修订，该规范已经不再是单一的工程量清单计价规范，它不仅涵盖了工程计价的主要内容，还包括了合同管理的大部分内容，大大超出了名称所限。因此，有必要在其基础上综合制定建设工程计价规范，以统一工程的计价原则、计价方法和基本要求等，同时，也有必要扩展其在工程总承包、专业工程分包等方面的内容。

（2）建设工程造价咨询规范。针对规范工程造价咨询业务的需要，2015 年我国颁布了《建设工程造价咨询规范》GB/T 51095—2015。目的是统一工程造价咨询管理的原则要求，工程造价咨询活动的内容、项目管理和组织要求，以及各类成果文件的深度要求、表现形式等内容。

（3）建筑工程建筑面积计算规范。《建筑工程建筑面积计算规范》GB/T 50353—2015 是第一部以国家标准的形式来表现的工程造价管理标准，最早于 2005 年批准发布，是对 1982 年修订的《建筑面积计算规则》的修订，并以国家标准形式表现。该规范本质上属于工程量计算规则的一部分，是可以纳入全国统一的工程量计算规则的，但考虑其广泛适用性及历史原因，目前单独成册。

（4）建设工程工程量计算规范。2013 年，在《建设工程工程量清单计价规范》修订时，将工程量计算部分单独成册，形成了《房屋建筑与装饰工程工程量计算规范》GB 50854—2013、《仿古建筑工程工程量计算规范》GB 50855—2013、《通用安装工程工程量计算规范》GB 50856—2013、《市政工程工程量计算规范》GB 50857—2013、《园林绿化工程工程量计算规范》GB 50858—2013、《构筑物工程工程量计算规范》GB 50860—2013、《矿山工程工程量计算规范》GB 50859—2013、《城市轨道交通工程工程量计算规范》GB 50861—2013、《爆破工程工程量计算规范》GB 50862—2013 共 9 册工程量计算规范。除此之外，我国还于 2007 年单独出版了《水利工程工程量清单计价规范》GB 50501—2007，该规范适用于水利枢纽、水力发电、引（调）水、供水、灌溉、河湖整治、堤防等建设工程的招标投标工程量清单编制和计价活动，其附录包括了水利建筑工程工程量清单项目及计算规则。

4.3.4　操作规程

2007 年开始，中国建设工程造价管理协会陆续发布了更为详细的各类成果文件编审操作规程，主要有：

（1）《建设项目投资估算编审规程》。目的是用于规范建设项目投资估算的成果文件编制和审查要求。该规程已于 2007 年以中国建设工程造价管理协会标准 CECA/GC1 的形式试行，并于 2015 年再版更新。

（2）《建设项目设计概算编审规程》。目的是用于规范建设工程设计概算的成果文件编制和审查要求。该规程已于 2007 年以中国建设工程造价管理协会标准 CECA/GC2 的形式试行，并于 2015 年再版更新。

（3）《建设项目施工图预算编审规程》。目的是用于规范建设工程施工图预算的成果文件编制和审查要求。该规程已于 2010 年以中国建设工程造价管理协会标准 CECA/GC5 的形式试行。

（4）《建设项目工程结算编审规程》。目的是用于规范建设工程结算的成果文件编制和审查要求。该规程已于 2007 年以中国建设工程造价管理协会标准 CECA/GC3 的形式试行，2010 年进行了系统修订。2014 年，该规程又列入国家标准编制计划，现已完成全部工作，拟于近期颁布实施。

（5）《建设项目工程竣工决算编制规程》。目的是用于规范建设工程竣工决算的成果文件编制和审查要求。该规程已于 2013 年以中国建设工程造价管理协会标准 CECA/GC9 的形式试行。

（6）《建设工程招标控制价编规程》。目的是用于规范建设工程招标控制价的成果文件编制和审查要求。该规程已于 2011 年以中国建设工程造价管理协会标准 CECA/GC6

（7）《建设工程造价鉴定规程》。目的是用于规范建设工程造价鉴定的成果文件编制和审查要求。该规程于 2012 年以中国建设工程造价管理协会标准 CECA/GC8 的形式试行，2014 年纳入了国家标准编制计划，并于 2017 年颁布，更名为《建设工程造价鉴定规范》，GB/T 51262—2017。

（8）《建设项目全过程造价咨询规程》。目的是为了推进和规范建设项目全过程造价咨询。2009 年以中国建设工程造价管理协会标准的形式发布，编号为 CECA/GC4，2017 年进行了系统修订。这是我国最早发布的涉及建设项目全过程工程咨询的标准之一。

4.3.5 质量管理标准

2012 年，中国建设工程造价管理协会发布了《建设工程造价咨询成果文件质量标准》CECA/GC7—2012。该标准编制的目的是对工程造价咨询成果文件和过程文件的组成、表现形式、质量管理要素、成果质量标准等进行规范。

4.3.6 信息管理规范

（1）《建设工程人工材料设备机械数据标准》GB/T 508518—2013。该标准制定的目的是为了便于信息检索和信息积累，统一建筑安装工程人材机的分类和数据表示，该标准已于 2013 年开始实施。

（2）《建设工程造价指标指数分类与测算标准》GB/T 51290—2018。该标准制定的目的是为了规范建设工程造价指标指数分类与测算方法，提高建设工程造价指标指数在宏观决策、行业监管中的指导作用，更好地服务于建设各方主体。该标准已于 2018 年 7 月 1 日开始实施。

根据《中华人民共和国标准化法》，我国的标准包括国家标准、行业标准、地方标准以及企业标准。从标准的类别看，工程造价管理的相关标准均是工程建设标准，上述标准可以以国家标准的形式表现，也可以以住房城乡建设部发布的行业标准形式表现，也可以以中国建设工程造价管理协会行业自律标准的形式来表示。工程造价管理标准是市场经济体制下工程造价管理的核心内容，政府部门要改变签发"红头文件"的做法，凡是不属于必须以法律、法规管理的技术内容，均应以国家标准、行业（协会）标准的形式来发布。我国工程造价管理标准大多属于技术要求，如术语、项目划分、计算规则等，从工程建设标准的属性看应以推荐性标准形式发布，其他的规范工程造价咨询成果文件、数据格式等技术要求可以以行业标准或协会标准形式发布，最终逐步形成完善的具有中国特色的工程造价管理标准体系。

4.4 工程计价定额体系

4.4.1 工程计价定额体系的定义与分类

1. 工程定额概述

工程建设是物质资料的生产活动，需要消耗大量的人力、物力、财力。为了生产的科学管理，需要规定和计划这些消耗量，这便产生了定额。定额就是规定的额度，或称数量标准。工程定额一般是指在一定的生产力水平下，在工程建设中单位产品的人工、材料、机械消耗的额度。此外，为了便于进行工期管理，还有工期定额。

工程计价定额是指工程定额中直接用于工程计价的定额或指标，包括预算定额、概算定额、概算指标和投资估算指标等。不同的计价定额用于建设项目的不同阶段，作为确定和计算工程造价的依据。

2. 工程计价定额体系

工程计价定额已经成为独具中国特色的工程计价依据的核心内容，庞大的工程计价定额体系也是我国工程管理的宝贵财富。同时，工程计价定额也是科学计价的最基础资料，无论采用何种计价方式，工程的成本管理均离不开定额在工料计划与组织方面的基础性作用。工程计价定额必须始终满足三个基本要求：一是满足工程（该工程可能是单项工程、单位工程、分部工程或分项工程）单价的确定；二是该工程单价依据计价定额的编制期与工程建设期的不同可进行调整；三是要准确反映人工、材料（特别是主要材料）、施工机械的消耗量。

3. 工程计价定额体系的划分

我国的工程计价定额体系依据建设工程的阶段不同，纵向划分为估算指标、概算定额和预算定额；按照建设项目的性质不同，又分为全国统一的房屋建筑及市政工程、通用安装工程计价定额；此外，还包括铁路、公路、冶金、建材等各专业工程计价定额，地方的房屋建筑及市政工程、通用安装工程计价定额。工程计价定额体系划分见图4-4。

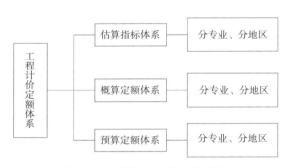

图 4-4　工程计价定额体系划分图

4.4.2　估算指标体系

建设项目投资估算指标是以整个建设项目、单项工程、单位工程为对象编制的工程价格标准。尽管投资估算指标反映的是一个规定项目（整个建设项目、单项工程、单位工程和主要分部分项工程）的工程价格或综合单价，但是投资估算指标主要材料的消耗量和工程材料及人工单价仍是投资估算指标的核心内容。

建设项目投资估算指标一般包括建设项目综合指标、单项工程综合指标和单位工程指标。为了增加投资估算指标的实用性和时效性，单位工程投资估算应尽可能地反映主要材料的消耗量和单价，同时对投资较大的单位工程应进一步细化到主要分部分项工程。

建设项目投资估算指标是编制建设项目建议书、可行性研究报告等前期工作阶段投资估算的依据，也可以作为编制建设项目投资计划、进行建设项目经济评价的基础。

我国的建设项目投资估算指标，分别为各地区工程造价管理机构发布的建筑工程、市政工程等的投资估算指标，以及各专业部门工程造价管理机构发布的专业工程投资估算指标。

4.4.3 概算定额体系

概算定额，是在预算定额基础上，确定完成合格的单位综合（或扩大）分部分项工程所需消耗的人工、材料和机械台班的数量标准。它与预算定额的不同在于，其计量单位扩大到一个分部分项工程或综合数个分项工程。因此，概算定额是预算定额的合并与扩大，它将预算定额中有联系的若干个分项工程项目综合为一个概算定额项目。概算定额主要用于编制工程设计概算。它是确定和判断初步设计或扩大初步设计是否经济合理、进行初步设计优化的重要手段。

概算指标是概算定额的扩大与合并，它以综合的分部分项工程或一个单位工程为对象进行编制，并且它多以综合单价的形式来体现。它一般是在概算定额和预算定额的基础上编制，比概算定额更加综合扩大。一方面它可以快速地完成工程概算的编制；便于初步设计方案的比选，另一方面也可以补充因采用新技术、新材料、新工艺等因素造成的概算定额项目不足，以便于工程概算编制。

我国的建设项目工程设计概算定额（指标）分别为各地区工程造价管理机构发布的建筑工程、市政工程等的概算定额（指标），以及各专业部门工程造价管理机构发布的专业工程概算定额（指标）。

4.4.4 预算定额体系

预算定额是工程建设中一项重要的技术经济文件，它是完成规定计量单位并符合设计标准和施工及验收规范要求的分项工程人工、材料、机械台班的消耗量标准。该消耗量受一定的技术进步和经济发展的制约，在一定时期内是相对稳定的。预算定额以消耗量为核心，反映在合理的施工组织设计、正常的施工条件下，生产一个规定计量单位合格产品所需的人工、材料和机械台班的社会平均消耗量标准，该计量单位一般以一个分项工程或一个分部工程为对象。预算定额的消耗量与相应的人工、材料、机械台班的价格构成预算定额单价，为了管理和计价方便，在预算定额发布的同时，编制人工、材料、机械台班的预算单价，构成预算定额单价。

预算定额是编制施工图预算的基础。施工图预算不仅是判断设计是否合理、进行优化设计和工程造价控制的重要方法，同时，也是确定建筑安装工程承发包价格的重要参考，还是进行工程分包、编制施工组织设计、处理工程经济纠纷、进行工程结算以及进行工程审计等的参考依据。

我国的建设工程预算定额分别为各地区工程造价管理机构发布的建筑工程、市政工程等的预算定额，以及各专业部门工程造价管理机构发布的专业工程预算定额。

4.5　工程计价信息体系

4.5.1　工程计价信息体系的定义与分类

1. 工程计价信息体系的定义

工程计价信息体系是指国家、各地区、各部门工程造价管理机构、行业组织以及信息服务企业发布的指导或服务于建设工程计价的工程造价指数、指标、要素价格信息、典型工程数据库（典型工程案例）等。

2. 工程计价信息体系的划分

工程计价信息体系具体包括：建设工程造价指数，建设工程人工、设备、材料、施工机械价格要素价格信息，综合指标信息等。工程计价信息体系的分类见图4-5。

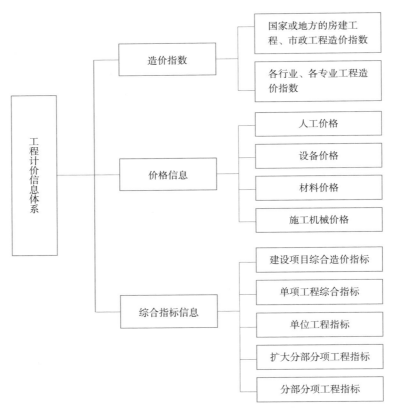

图4-5　工程计价信息体系图

4.5.2　建设工程造价指数

建设工程造价指数包括：国家或地方的房屋建筑工程、市政工程造价指数，以及各行业的各专业工程造价指数。

4.5.3 建设工程要素价格信息

建设工程要素价格信息包括：建筑安装工程人工价格信息、材料价格信息、施工机械租赁价格信息，建设工程设备价格信息等。

4.5.4 建设工程综合指标信息

建设工程综合指标信息包括：建设项目的综合造价指标、单项工程的综合指标、单位工程的指标、扩大分部分项工程指标和分部分项工程指标。建设工程综合指标信息可以以平均的综合指标表示，也可以以典型工程形式表示。

5

发达国家的工程造价
管理概况

【教学提示】

　　本章的学习目的是，通过对美国、英国、日本工程造价管理概况的介绍，让学生了解国际上发达国家工程造价管理模式，进而认知国际工程造价管理的模式、内容与方法等，开拓国际视野。

5.1　美国的工程造价管理简述

5.1.1　美国的工程造价管理制度

1. 美国的工程造价管理模式

美国的建设工程项目分为公共工程项目与私人工程项目，前者由政府投资部门直接管理，受到相关法律和规定的限制，以保证正确的财务核算和对政府公共资金支出的监督，除军事设施等特殊项目以外，必须按照一定的程序，采用竞争性公开采购方式；后者政府不予直接干预，但对工程的技术标准、安全、社会环境影响和社会效益等，通过法律、法规、技术准则和标准等加以引导或限制。

（1）美国工程造价管理组织机构

在美国，没有管理建筑业的专设机构，也没有专门针对建筑业管理的法律。美国的建筑业实行各州自行管辖的方式，建筑业主要是通过综合性法规及行业技术标准和规范来进行管理。美国政府不直接管理工程造价，一般授权专业人士或机构对工程造价进行管理。政府的主要职能是对工程造价进行宏观控制，通过法规来规范建筑工程造价过程中参与各方的行为。

（2）美国工程造价的计价模式

美国的政府部门不组织制定计价依据，也没有全国统一的计价依据和标准。用来确定工程造价的定额、指标、费用标准等，一般是由各个大型的工程咨询公司制定，各咨询机构，根据本地区的具体情况，制定出单位建筑面积的消耗量和基价作为所负责项目的造价估算标准。此外，美国联邦政府、州政府和地方政府也根据各自积累的工程造价资料，并参考各工程咨询机构有关造价的资料，分别对各自管辖的政府工程项目制定相应的计价标准，以作为项目费用估算的依据。

在美国，由于没有标准统一的工料测量方法，在招标文件中一般不给统一的工程量，美国的承包商依据自身的劳务费用、材料价格、设备消耗、管理费和利润来计算价格，所以每个承包商都要根据图纸计算其工程量，并要求分包商计量分包工程量、提交分包报价，汇总来编制标书。

一般来讲，业主与承包商的估价过程有很大不同，业主的估价多在投资决策阶段进行，其采用的估价方法常为指标法。相对于业主来讲，承包商的考虑范围要小一些，承包商一般采用详细单位成本或行式项目法进行估算。

（3）美国政府投资项目的造价管理

美国政府对于政府投资项目和私人投资项目采取不同的管理方式。对政府的投资项目采用两种方式：一是由政府设专门机构对工程进行直接管理。美国各地方政府、州政府、联邦政府都设有相应的管理机构，专门负责管理政府的建设项目。二是通过公开招标委托承包商进行管理。美国法律规定所有的政府投资项目除特定情况外（涉及国防、军事机密等）都要采用公开招标。但对项目的审批权限、技术标准（规范）、价格、指数等都作出了特殊的规定，确保项目资金不突破审批的金额。

在美国，对于政府投资工程，从工程项目立项阶段投资估算的编制，到设计阶段编制设计预算，再到实施阶段的成本控制，政府主管部门一般都按照一定的程序选择和委托专业咨询公司进行全过程造价管理。在考虑了约10%左右不可预见费后所确定的总造价，各个阶段都不允许随意突破。为加强对此项工作的管理，各级政府部门一般设立对变更费用的监督审查机构。当然，有时也委托中介咨询公司审核。各级政府对技术标准的制定都有严格的法规，一切按标准执行，不得违反。同时，美国政府投资项目造价的确定是建立在严格的技术标准及要求基础上的。任何一项工程的招标，在招标文件上都必须附有相应的技术标准与要求，政府通过实现招标文件的要求，选择标价最低者中标。另外，美国的政府投资项目在设计阶段就对项目的全寿命周期进行周密的考虑。比如，特别奖励在工程项目的设计和施工阶段使用价值工程，在建筑合同文本中包括使用价值工程技术的条款。

（4）美国工程造价管理相关法律法规

美国专门的建筑法规虽然极少，但建筑活动中的各个方面都有相应的综合性法规进行规范。建筑行业技术规范与标准对建筑业的管理起到十分重要的作用。

2. 美国的工程计价方式

（1）美国工程造价计价的总体模式

美国没有由政府部门统一发布的工程量计算规则和工程定额，所以没有标准统一的工料测量方法，在招标文件中一般不给定统一的工程量。美国的承包商依据自身设定的劳务费用、材料价格、设备消耗、管理费和利润来计算价格，各个承包商都要根据图纸计算其工程量，并要求分包商计量分包工程量、提交分包报价，汇总来编制标书。美国各企业有完善的合同管理体系、健全的法制体系以及完善的承包商信誉体系，企业的历史、业绩和信誉是企业赖以生存的重要条件。这一点也正体现了美国的自由型价格模式的特点。

但是，在美国开放式的工程造价计价模式下，有一套统一的工程分项细目划分标准（WBS），也就是工程成本编码。这套工程成本编码是由美国建筑标准协会（CSI）编制并发布的，在房屋建筑领域内被广泛应用。这套工程成本编码类似于英国、日本工程造价计价依据中工程项目的分项标准，是为了方便企业在进行工程造价管理时，给工程项目的经济评价、造价估算和资料积累等工作提供一个统一口径。

但这并不意味着美国的工程估价无章可循。许多专业协会、大型工程咨询顾问公司、政府有关部门出版大量的商业出版物，可供工程造价时选用，美国各地政府也在对上述资料综合分析的基础上定时发放工程材料成本指南。

（2）美国工程造价的计价方法

随着工程的进展，美国工程造价的计价工作包括：①建议书阶段的估算；②可行性研究阶段的估算；③初步设计估算；④技术设计阶段的确定性估算；⑤工程设计预算；⑥投标估算；⑦成本计划；⑧结算和竣工决算等。

美国没有统一的工程量计算规则，所以不采用工程量清单计价方法。在其独特的计价依据基础上，美国在工程造价计价方面形成了许多自创的方法。

一般来讲，业主与承包商的计价方法有很大不同。

1）业主的计价方法

业主的计价一般在研究和发展阶段进行，即对应前述工程造价形成过程的①～⑤阶段。当对一个新工艺的可行性进行研究时，需要考虑工艺技术及应用风险、投资策略、场地选择、市场影响、装船、操作、后勤以及合同管理策略等一系列的问题，这些因素具有较大的不确定性，所以工程估价采用的方法一般为参数法。具体包括了设备因子法、规模因子法和其他参数法等。

设备因子法主要用于在已知设备成本和价格的情况下对与其相关的科目进行估算。具体有设备级联因子法、单元设备因子法和总设备因子法等不同类型。其中，设备级联首先计算设备的采购费，再利用一系列公式估算为设备配套的有关设施的直接成本，将其与设备成本合计构成总直接成本，这些设施有管线、混凝土、电气等。单元设备因子法与级联因子法相比较为简单，只需将每部分工艺设备与一个单独的对应因子相乘即可导出每个设备的界区成本，汇总所有的界区成本即得到总费用。总设备因子法是设备因子法中最简单的一种，只需将单个因子同工厂订购的全部设备成本的合计相乘即可推算总费用，这种方法虽然快捷，但精度较低。

规模因子法即生产能力指数法，是一个基于规模经济的简单方法，也就是成本随着一个经济规模的一个指标的增加而增加，但通常不是线性增加，而是以小于1的指数关系增加，这个方法通常被用于整体工厂以及各种设备的估价。

常用的其他参数法还有：参数单位成本模型、复合参数成本模型、比例因子法、总单位因子法等。

2）承包商的计价方法

相对于业主来讲，承包商的考虑范围要小一些。因为承包商一般均在项目的中期和后期才开始介入，即对应前述工程造价形成过程的⑥、⑦、⑧阶段。此时，业主的意图已经清晰，已经对多个方案进行了研究，并对其进行了较为充分的比较、选择，项目的范围和轮廓一般已相当清楚。承包商只需根据业主给出的初始条件来设计、建设一个设施。这时，承包商采用的估算方式一般为单位成本法。

单位成本法可分为详细单位成本法和组合单位成本法两种。这两种方法估价精度最高，常用于详细项目的成本控制预算、承包商的投标估价以及变更单估价。

详细单位成本法又可称为行式项目法，与我国的预算基本类似。这种方法是针对具体的分部分项工程进行直接的估价。造价工程师首先需要详细划分估价条目，对估价条目进行准确计量，然后查找相应的单位工时、人工单价、材料单耗、设备单耗额等，通过算术运算即可求得每一估价项目的成本合计。由此可见,美国尽管没有统一的定额,但承包商在进行投标估价和成本规划时是依据自身的单位工时(或劳动生产率)、材料单耗(材料消耗量)、设备单耗(或机械生产率),并结合投标时的市场价格进行确定的。

组合单位成本法又称固定成本模型法,与我国的概算有一定的相似之处,它与详细单位成本法的唯一区别就是它在后者的基础上对行式项目进行了适当的组合,可以节省计算时间。通过计算机成本估价系统,这些组合能够预先构建,保存在电子数据库中,以后作为一个单独的行式项目使用,而不用进一步考虑条目要素。如果有要求,在估价完成后,组合的行式项目能够在估价报告中分解它的构成要素,以满足详细的成本管理的需要。

3. 美国的工程计价依据

(1)美国工程计价依据的类型

美国没有由政府部门统一发布的工程量规则和工程定额,但这并不意味着美国的工程估价无章可循。美国的工程估价体系中,有一个非常重要的组成要素,即有一套前后连贯统一的工程成本编码。美国建筑标准协会(CSI)发布过两套编码系统,分别叫做标准格式(MasterFormat)和部位单价格式(UNIT-IN-PLACE),这两套系统应用于几乎所有的建筑物工程和一般的承包工程。其中,标准格式用于项目运行期间的项目控制,部位单价格式用于前段的项目分析。

总体来讲,美国的工程计价依据在定额方面一般分为两类:各企业自己编制的工程计价定额;咨询公司为业主所编制的工程计价定额。美国的各大建筑企业将自己的工程计价定额看作是企业机密,是美国建筑企业的竞争力核心。如果本企业的定额标准被其他企业得到,则本企业先进的技术及管理模式就可能因此而被其他企业分析出来,这就意味着本企业在以后的投标报价中可能会失去大量机会。

美国有许多的专业协会、大型工程咨询顾问公司、政府有关部门出版的大量商业出版物,可供工程估价时选用。美国各地政府也在对上述资料综合分析的基础上,定时发布工程成本材料指南。在多种建筑造价信息来源中,《工程新闻纪录》(Engineering News-Record,简称 ENR)中的造价指数是比较重要的一种。编制 ENR 造价指数的目的是为了准确地预测建筑价格,确定工程造价。ENR 指数由钢材、水泥、木材和普通劳动力四种指数组成。它分为两类,一类是建筑造价指数,另一类是房屋造价指数。美国工程造价信息反馈系统也较为完善,美国国内各工程公司十分注意收集工程造价管理各个阶段的工程造价资料,并把向有关部门提供造价信息资料视为一种应尽的义务,他们不仅注意收集造价资料,也派出调查人员进行实地考察,使其所获得的资料较为翔实,从而保证了造价管理的科学性。

(2)美国工程计价依据的编制

美国的大型承包商都有自己的一套估价系统,同时把其单价视为商业秘密,其惯例是不向业主及社会公开其价格信息。但对于估价人员来讲,仍然有许多的估价数据来源可供使用,如国家电气承包商协会(NECA)出版的关于电气工作的"人工单价手册"(以及其他商业出版物),来自劳务中介商的劳动协定,保存在承包商和业主公司图书馆的估价标准,来自专业学会的大量可用出版物等。

在美国的咨询机构中,有政府创办的专业咨询信息服务机构,也有民办机构、民办官助机构以及大型企业创办的咨询机构,其中,尤以民办咨询机构为多。他们十分注意历史资料的积累和分析整理工作,建立起本公司的一套造价资料积累制度,同时注意服务效果的信息反馈,这样就建立起完整的资料数据库,形成了信息反馈、分析、判断、预测等一整套的科学管理体系。此外,还有造价协会(美国造价工程师协会AACE)从事同行之间的联系、交流和公益工作,包括:对造价工程师、造价咨询师进行资质认定,定期组织经验交流等。这些活动都有助于促进专业水平的共同提高。

5.1.2 美国的工程造价专业人才培养

1.概述

(1)美国对工程造价专业人才的管理及保障

美国对工程造价专业人才的管理特点是"政府宏观调控,行业高度自律"。美国政府对专门职业的管理主要包括联邦和州议会立法、联邦和州政府管理、行业自律管理三个层次,而美国国会对专门职业除一些特殊职业(如评估业)外,一般不作专门的立法。基于这一特点,在美国没有主管工程造价咨询业的政府部门,这意味着造价工程师不属于美国政府注册的专业人士。另外,美国通常对工程造价咨询单位没有资质要求,而是注重对执业人员的资格认证。

美国专门的职业协会是完全民间性质的组织,主要职能是执行职业标准,规范同业行为,进行继续教育,代表会员与政府沟通,组织研讨会对行业中新情况进行讨论,为会员提供宣传出版服务等。在美国,最大的直接服务于工程造价管理全过程的组织是美国造价工程师协会(AACE),与工程造价管理密切相关的组织还有美国建筑师学会(AIA)、美国建筑工程管理联合会(CMAA)、项目管理学会(PMI)、美国职业估价师协会(ASPE)、成本估算与分析协会(SCEA)等。

(2)美国工程造价专业人才的业务范围及职责

美国的多数项目造价管理人员在通过 AACE 的认可后,被称为认可造价工程师(CCE)或认可造价咨询师(CCC)。根据 ACCE-I 的界定,CCE/CCC 在建筑市场中所提供的服务主要包括合同文本服务、行政控制管理等多项专业工作。

(3)美国工程造价专业人才的认证制度

在美国,通常不对工程咨询机构的资质进行认证,而注重对执业人员的资格认证。AACE 是独立的行业协会,在 78 个国家和 70 个地区均有会员。该协会下设有技术局、认证局及教育局等。在当今激烈的社会竞争中,熟练地掌握并运用全面质量管理原则已经成为所有商家和厂商关注的焦点。AACE 的资格认证表明某人具有某一行业最新的知识和技能。它为那些能胜任特定工作、具有最新技能且有丰富的经验知识来应用这些技能的人提供了一种能力保证，在其职业生涯中发挥了不可忽视的作用。

（4）美国高校工程造价专业人才的培养模式

在美国建筑工程管理本科教育中，有一些院校和综合性大学提供造价工程的相关课程，目前还没有提供造价工程专业的本科学位；另有一些大型综合大学提供一些和造价工程技能有关的课程，一般来说，是工程管理专业高年级的课程或选修课程。

（5）美国造价工程师的继续教育制度

AACE 为了保证取得 CCC/CCE 资格的人员能够跟上各自领域的发展，因此出台了重新认定制度。

2. 美国的工程造价专业人才学历教育

在美国，有一些院校和综合性大学提供造价工程的相关课程，但目前还没有提供造价工程专业的本科学位。一些大型的综合大学提供一些与造价工程技能有关的课程，比如造价估算、成本控制、计划、进度、项目管理、计算应用和经济学等工程、建筑技术或者是商务方面的课程。一般来说，这些课程都是工程管理专业高年级的课程或选修课程。总体上来讲，由于美国工程造价相关专业的课程体系一般都下属于工程技术类学院或系，所以其课程体系孕育于工程技术的氛围之中，包含了较多的工程技术类课程。在美国高等教育院校中，开设的与工程造价相关的专业有：建筑管理、建筑科学与管理、建筑工程、土木工程方面的建筑工程与管理方向、建筑管理科技、土木工程与建筑等，这些专业大多设在工程类学院（系）、土木类学院（系）或技术类学院（系）里。经美国工程技术评审委员会（Accreditation Board of Engineering and Technology，ABET）评估的 7 个工程造价相关专业都设在工程技术类学院（系）里，所有经过美国建筑教育协会（American Council of Construction Education，ACCE）评估的 56 个工程造价相关专业中的大部分也都设在工程技术类学院（系）里，另外也有一些设在建筑、城市规划或设计等学院（系）里。例如，美国的建筑管理专业按其侧重点不同受 ABET 和 ACCE 评估。

（1）由 ABET 评估的建筑工程管理专业

由 ABET 评估的建筑工程管理专业一般都隶属于工程学院。第二次世界大战以后，建筑业的发展和随之而产生的需求加快了这一建筑理科学士学位（BS）的确立。尽管它不属于工科，但其包括许多工程类课程。由于该专业实际运作需要有专业地位，因此于 1952 年设立了一个建筑方向的学士学位。这个名称受专业发展工程师协会（the Engineers Council for Professional Development）的土木工程专业标准所公允，这是由于当时还没有一个建筑工程公认的专门标准。针对建筑工程专业，ABET 在 1976 年制定了相关标准。

建筑工程管理本科教育方向授予的是 CEM 的学士学位。这个学位正规的应由 ABET 的工程鉴定委员会（EAC）来认可。由 ABET 所定义的构成 CEM 课程体系的五个主要组成部分为：数学和基础理科类、工程学类、工程设计类、社会人文学科类、商业及管理类。然而，在专业的工程性、管理性和商业性各个特征之间它们仍力求寻求一种平衡；其数学和理科内容与其他工程专业相类似。这些专业同时强调工程设计。CEM 课程的设置目的就是使学生适应建筑工业的工程和管理岗位。这些专业的毕业生将成为专业的工程师。

目前，该专业的毕业生受到各类型承包商的欢迎。建筑设计公司和许多有在建项目的业主也对该类人才产生需求。建筑毕业生可获得的职位包括：主管，项目经理，市场拓展员，现场、成本、进度、设计和安全以及质量控制工程师和业主代表。

（2）由 ACCE 评估的建筑工程管理专业

美国建筑教育委员会（American Council for Construction Education，ACCE）对非工程类建筑管理学士学位进行评估和批准。该专业可隶属于工程、建筑、设计、商业或技术学院。

接受 ACCE 评估的工程管理相关专业的美国大学约有 40 多所，这里选择 5 所：路易斯安那州立大学建筑管理系，克莱姆森大学的建筑科学与管理系，南方理工州立大学的建筑系，佛罗里达大学的房屋建筑学院，佐治亚理工学院。其课程安排分为工程技术、管理、经济等主要板块。

五校共同的课程有：建筑规划和设计、建筑结构、地基学、计算机应用、项目管理、项目估价、建筑方法、安全管理、建筑经济学、会计学及经济学。特别是在商业和管理方面，各院校课程虽有变化，但基本上是以会计学和经济学为主，侧重于对学生在管理学和经济学基础知识方面的培养。

建筑施工方面的具体实践课程所占比重很大，介于 30%~50% 之间，可见美国院校对学生实践能力的重视程度之高。另外，工程管理专业课程中，实习学分的比重也很大，在受 ACCE 评估的美国高校中，最高的占全部教学课时的 36.17%，最低的也达到 9.84%。

（3）美国工程造价专业课程设置的特点

1）突出工程背景。保证所学的课程要尽量多地涉及工程建设的各个领域。有关工程建设方面的课程，从现场管理（Site Manayement）、合同管理（Contract Mahayement）、工程项目控制（Project Manayemeht），一直到工程保险（Constructio Insurance）等，所开设的课程一应俱全。此外，其他相关课程的选修课设置也非常丰富齐全，管理、经济、计算机软件、社会科学、法律等都有涉及。

2）非常注重实践环节。学生拥有充足的实践机会，甚至还有到国外实习的机会，做到了在学生投入实际工作之前就完成从学校学习到实际岗位工作的过渡。

3）学校专业与所属行业协会联系紧密。虽然专业课程的设置和教学计划是由学校自主制定的，但是关于专业办学质量的评估是由该专业所属的学会来做的，所以学会对于专业课程和教学计划的制定起着指导性作用。而且，如果得到了学会的认可和支持，该专业的学生就有机会到该学会进行实习和短期工作，成绩优异者还会得到学会的推荐，从而获得更多、更佳的职业机会。

4）在商业和管理课程方面，侧重于对学生在管理学和经济学基础知识方面的培养。各院校课程虽有变化，但基本上是以会计学和经济学为主。就管理课程而言，美国许多高校都将会计学、经济学列为必修课程，并且都规定了较高的学分。

5）非常重视培养学生的工程安全意识。许多学校开设工程建筑安全管理的课程。

3. 美国的工程造价专业人才执业教育

从工程造价人才培养的角度看，美国实施的是官方行政上的强制注册管理和行业协会的认证（认可）制度相结合的评估体系，对专业人士和高校教育起着规范与协调的作用。整个体系如图 5-1 所示。

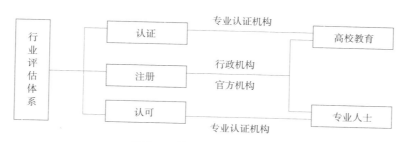

图 5-1　美国的行业评估体系

其中，官方机构对高校教育和专业人士均进行注册管理。注册是一种政府通过法律对教育机构和专业人士进行规范和约束的行为，无论是高校教育还是专业人士，要想从业，必须经过注册这一环节。而认证和认可是自愿的，非政府行为，它所起到的主要作用是：保证和提高高等教育的质量；保证高等教育的学术价值；避免高等教育受到政治的影响和干预；为公众的利益和需要服务。

在美国，行业协会主要承担专业认证机构的职责。这些专业认证机构有的是负责对专业人士进行认可的，有的是负责对教育课程进行评估认证的，并保持相对独立性。例如，AACE 就是对工程造价行业专业人士进行认可的专业认证机构，而 ABET 和 ACCE 就是对高校开设的工程造价专业课程进行认证的专业认证机构。

ACCE 的课程认证组织。该组织包括理事会、认证委员会、考察小组和仲裁委员会等机构。

（1）理事会。ACCE 设有一个专门的管理学术教育的部门，称为理事会。其成员由相同人数的协会理事和教育理事组成，并且至少要有一名公共利益理事和一名行业理事。

（2）认证委员会。认证委员会是 ACCE 的四个执行委员会之一。它负责审阅所有的认证报告以及其他有关建筑教育课程体系的认证材料。按照 ACCE 的认证标准，经过严格考察申请认证的建筑教育课程体系，认证委员会可以向理事会根据不同的情况作出不同的推荐意见，可以建议其通过初步的认证、建议对其认证资料加以补充或者延长认证时间；认证委员会也可以向理事会建议拒绝对其进行认证或延缓对其认证。

（3）考察小组。由考察小组对申请认证的建筑教育课程体系进行现场认证，小组成员由 ACCE 进行选拔，通常至少由 3 人组成，包括 1 名组长和至少 2 名成员，此外还可以有其他随行人员，包括在训组员和观察员。

（4）仲裁委员会

仲裁委员会是一个特别行动小组，由 ACCE 总裁选择的人员构成，当有学术教育机构对认证委员会作出的认证持有异议时，可以向仲裁委员会提出申诉，该委员会就是为应付这种事务而设立的。以前未曾与提出申诉的学术教育机构发生过联系，同时未在考察小组和认证委员会从事教育课程体系评估的人员都可以进入仲裁委员会。

4. 美国的工程造价专业人才继续教育

AACE 为了保证取得 CCC/CCE 资格的人员能够跟上各自领域的发展，出台了重新认定制度，其目的类似于以英国为代表的工料测量师体系中的持续职业发展。

（1）重新认定的周期。任何一个 CCC/CCE 在获取了初始的认定资格后，应每 3 年进行一次重新认定。AACE 的认定办公室会通知认定期将满的每一位 CCC/CCE 准备材料进行重新认定。每一位申请者必须确保自己及时并正确地提交了重新认定的申请。

（2）重新认定时 CCC/CCE 应该满足的要求。如果申请人希望能够获得重新认定，通常可以有两种选择：

1）重新考试。申请者将每 3 年参加一次 AACE 组织的资格认定考试（但重新认定的申请者无需提交专业论文）。

2）获取相应的重新认定所需的积分。这是一种被广泛采纳的方式，申请者需要在 3 年内积累 15 个重新认定所需要的积分。积分的获得通常有下列方式：从事造价工程的工作；参加当地 AACE 分部组织的活动；提交和（或）出版论文；或者也可以参加学会认可的学术讨论会或授课，以获取继续教育的学分。

5.2　英国的工程造价管理简述

5.2.1　英国的工程造价管理制度

1. 英国的工程造价管理模式

英国的政府投资工程和私人投资工程的工程造价管理模式不相同。政府投资的工程项目由财政部门依据不同类别工程的建设标准和造价标准，考虑通货膨胀对造价的影响等确定投资额，各部门在核定的建设规模和投资额范围内组织实施，不得突破。对于私人投资的项目，政府不进行干预，投资者一般委托中介组织进行投资估算。

（1）英国工程造价管理组织机构

英国政府的建设管理由英国社区与地方政府部（DCLG）负责。此外，建筑业的管理还涉及贸工部和劳工部，另外，还有许多政府的代理机构及社会团体组织。建设主管部门设在地方当局的有两级：一是郡级，但较少地区设置，对该地区建设进行宏观协调和控制；二是市镇级，主要职能是依据法规对建设活动实施具体的管理，确保社会和公众的利益。

（2）英国工程造价的计价模式

英国没有国家统一制定的定额，由英国皇家特许测量师学会（RICS）组织制定的《建筑工程工程量标准计算规则》（Standard Method of Measurement of Building Works，简称为SMM）就成为参与工程建设各方共同遵守的计算基本工程量的规则。工程量按照图纸和技术说明书进行计算求得，而价格根据市场价格确定。

英国的工程计价模式下，投标时附带由业主工料测量师编制的工程量清单，其工程量按照SMM规定进行编制、汇总构成。工程量清单通常按分部分项工程划分，工程量清单的粗细程度主要取决于设计深度，与图纸相对应，也与合同形式有关。承包商的估价师参照工程量清单进行成本要素分析，工程量清单一般由开办费、分部工程概要、工程量部分、暂定金额、不可预见费、总包商费用构成。

（3）政府投资项目的造价管理

在英国，政府投资工程和私人投资工程的造价管理方式不同。政府投资的公共工程项目必须执行统一的设计标准和投资指标。私人投资的工程项目，在不违反英国的法律、法规的前提下，政府不干预私人投资的工程项目。价格由市场确定，投资者利用已建类似工程的数据资料和近期的价格指数，通过调整确定投资估算作为造价限额。

英国政府投资项目工程造价管理通过立项、设计、招标、合同签订、施工实施、竣工决算等阶段性工作，贯穿于工程建设的全过程。英国由政府各部门提出项目建议或计划，然后由财政部审查，并核定投资额，列入英国国家年度财政预算。

英国对政府投资项目采用集中管理的办法，按政府的有关面积标准、造价指标，在核定的投资范围内进行方案设计、施工设计，实行目标控制，不得突破。如遇非正常因素非突破不可时，宁可在保证使用功能的前提下降低标准，也要将投资控制在额度范围内。

（4）英国建筑业的法律法规

英国建筑法规体系非常严密，有关政府对建筑业管理的常规事务都有明确的法规进行规定。英国的法律法规体系可分为三个层次：法律、条例、技术规范与标准。编制的顺序为：法律－条例－技术规范与标准。法律由议会或议会授权制定；条例是根据法律中的授权条款，由政府或行业协会和学会制定；技术规范与标准由行业协会和学会制定。建筑法规都由专门的机构进行编制。这些机构不仅熟悉建筑业的管理，而且对法规的编制也非常精通。

2. 英国的工程计价方式

（1）英国工程造价计价的总体模式

在英国和英联邦国家，建筑业很少使用"工程造价"这个概念，英国的专用名词是"工料测量"（Quantity Surveying），与我们经常说的工程造价管理的内容基本上是一致的。英国的工程项目有统一的工程量计算规则（SMM），首先由业主在造价中介机构、工料测量师的协助下，依据法定的标准计算方法，按照图纸和技术说明书进行计算，求得工程量。之后，由估价师参照政府和各类咨询机构发布的造价指数、价格信息指标以及市场和本公司当前所处情况等信息来评定各项工作的净单价。在英国，对公共建设项目和私人建设项目采取不同的工程计价方法。

（2）英国工程造价的计价方法

英国工程造价形成过程及主要形成的计价文件如下。

1）设计任务书和草图设计阶段。这两个阶段属于项目开发的早期阶段，造价人员常常采用近似估价技术来确定预算并决定方案的可行性，形成决策分析等文件。近似估价技术是基于可以得到的以前类似工程造价的历史数据，通过考虑诸如地区差别、现场条件、市场情况和工程质量这样一些因素而作出调整，得到一个以比较法或以内插法为基础的临时估算值。在实践中，分析和应用此类资料的方法主要有三种：功能单元法、建筑面积法，要素成本计划法。

功能单元法。这一方法要使用以前项目的单位成本，其中单位成本是将建筑物的总成本除以建筑物功能单元的数量得到的。例如，一家普通医院的功能单位是一张病床，一个停车场的功能单位是一个车位。当然，类似于旅馆之类的，如果共摊的大厅、走廊的面积所占的比例很小，也可以将一间房子作为它的功能单元。利用这种方法的结果，与建筑的最终成本之间还有很大的差异，因为每个现场的性质不尽相同，业主的项目纲要还将完善，外界的服务设施也并不总是在建筑物的附近。这些因素都将对价格产生影响。

建筑面积法。这种方法会用到早期同等方案在每平方米的成本方面的经验数据，其中建筑面积被定义为每层内部测量面积，没有扣除内墙和楼梯。这是一种容易被开发商和承包商理解的普通方法，因为应用这种技术时几乎不需要什么规则。但是，考虑到技术规范、负责程度、尺寸、外形、地基条件和层数等诸多因素，该方法仍需要作很多的调整。因此，为了确定这些因素，造价人员需要获得针对每一种建筑类别的若干建筑物的可靠的历史成本。

要素成本计划法。要素成本计划可由初步设计得出。这种方法也是依赖于可靠的已知数据，这些数据来自同等项目中建筑物的已知实际成本。通过应用以往建筑物的各种基本成本，新的建筑物可以简单地按照比例得到它的分解成本，并且可以根据工程的不同作出调整。

2）草图设计阶段。在此阶段中，主要的规划问题将获得解决，并出现轮廓性设计。工料测量师核对自己的概略估算数字，借助于大量的造价资料制定一个初始的造价规划，这个规划用来指导建筑物各个分部分项工程或重要部分的临时造价指标数字的制定。同时，工料测量师还会对不同结构形式、不同材料和不同公用设备布置作出造价比较，这些造价比较分析应包括可能发生的经常费用和维护费。

3）施工图设计阶段。此时绘制最后的施工图，工料测量师根据施工图以及各种规则的规定，计算工程量。参照近期同类工程的分项工程价格，或在市场上索取材料价格，经分析计算，作为业主的预算和编制标底的基础。之后，工料测量师还需认真地进行造价校核。在这一阶段，业主的工料测量师可采用三种方式来编制工料量清单，分别是传统式（Traditional Working Up）、改进式（也称为直接清单编制法，Billing Directly）、剪辑和整理法（也称为纸条分类法，Cut and Shuffle or Slip Sortation）。

传统式。传统式依照 SMM 的工程项目划分计算，对每个部分根据图纸列出计算方法与程序。将计算结果与项目描述按照先立方米后平方米再延长米，先下部后上部，先水平面后斜面、垂直面的顺序抄录在专门的纸上。此方法首先遵从了分项的整体性，最后，将工程量中有增减的项目计算出来，累计得到最终的工程量。

改进式。改进式摒弃了部分传统的编制方法，适用于中小型的工程。计算时采用直接计算净工程量的方法，与传统方法相比可以在每个分部结束时就得到准确的工程量，但是同时也要求计算时图纸齐备。因此，很适合开工后分包商重新计算工程量时使用。

剪辑和整理法。剪辑和整理法是一个完全排除传统编制方法的体系。它虽然也是遵从了分项的整体计算原则，但它是将所有项目计算完毕再按照清单的顺序进行分类。

4）投标报价阶段。这一阶段主要是参加投标的承包商的估价师起主导作用。根据传统的工程量清单投标报价方法（目前有 80% 的项目采用），承包商在从业主处获得招标文件（标书）后，首先对项目进行估算，作出投标决策。之后，估价师将对项目进行初步与详细的研究，同时完成材料与分包询价的工作，确定各项工作的净单价。最后，承包商对招标文件中业主工料测量师编制的工程量清单中所有项目进行标价。在确定一项工作净单价的过程中，估价师需要经历三个阶段。首先，确定关键工作的综合单价；其次，根据承包商的数据库或其他渠道选择方法和生产标准，并结合前一阶段确定的综合单价得到工程量清单中各项工作的净单价；最后，将各专业分包商的单价加进去，构成全部单价或部分单价的组成内容。

此外，估价师们除了将主要精力投入到单价的定价分析上外，还会采用不同的估价技术。包括零星工作估算法、作业估价法和近似工程量法。

零星工作估算法。这种方法用于那些在工程量清单中难以分解为单独的工作项的作业，一般都需要通过现场踏勘来确定工作的范围。在估价过程中，可以采用单价乘以工程量的方式来计算，对该项目中比例最大的分部分项工程采取以人工、材料、机械为基础的总成本估算的方式进行估算。

作业估价法。这种方法主要是当需要考虑某一作业的总持续时间与其他作业的相互关系时会采用。因为在这些情况下，只关注项目的某一个单体是不现实的。例如，某一排水装置班组每天可安装 15 个检查孔单元，而一个项目共需此单元为 25 个，那么此时总的持续时间就不可简单地用 25 除以 15，而是应当考虑为 2 天。

近似工程量法。当其他近似估算技术不能为可靠的预算提供足够的信息时，一般会采用这种方法。最常见的是混合工作项目简明工程量和承包商依据图纸与规范自行编制的工程量清单。

5）施工阶段。在施工阶段，双方对工程的造价进行合理有效的控制，对工程变更等重新报价或者参考类似工程结算。受雇于业主的工料测量师，在施工过程中要根据工程进度确认工程结算款项和控制拨款，并根据工程变化情况调整工程预算。承包商的工料测量师，除按照招标文件参与现场踏勘、编制报价和投标文件，中标后按中标造价进行资金分配和合同的履约外，在施工过程中还直接参与项目管理，按施工进度提供劳动力、材料、施工机械等供应计划，按月或周统计已完成的工程量，提出工程结算款项，竣工验收后提出竣工决算等项业务。要在各个环节上严格控制工程费用的支出，确保在中标造价内实现预期利润。

总体来说，在整个造价形成的过程中，业主与承包商分别完成了如表 5-1 所示的工作内容。

英国工程造价计价方法及计价依据 表 5-1

计价主体	阶段	计价方法	计价依据
业主估价	设计任务书	初步估计、初步估算	以往的工程实例
	草图设计	草图的工料测量	建筑物草图
	施工图	计算工程量，结合当前材料价格与工资水平及项目单价，用比较法或系数法确定造价	各种规则的规定、近期同类工程的分项工程价格，或在市场上索取材料价格
承包商报价	投标报价	分包商报价，分包报价分析对比，得到合理报价	各种工程造价综合指数，企业自身技术与管理水平

3. 英国的工程计价依据

（1）英国工程计价依据的类型

英国的工程计价依据可以分为计"量"依据与计"价"依据。工程计"量"依据有工程量计算规则、英国统一的工程项目划分及编码、工程量表；计"价"依据根据来源不同，主要包括官方发布的工程造价信息、有关专业学会颁发的造价资料、大专院校和建筑研究部门发表的研究资料、工程造价咨询机构的历史资料以及刊物登载的有关价格资料等。

1）工程量计算规则

工程量的测算、计算方法是工料测量的基础。由于英国没有统一的价格定额，工程量计算规则就成为参与工程建设各方共同遵守的计算基本工程量的规则。对于建筑工程，《建筑工程工程量标准计算规则》（SMM）应用最为广泛，并为各方共同认可。对于土木工程，英国土木工程师学会编制了《土木工程工程量标准计算规则》（Civil Engineering Standard Method of Measurement，简称为 CESMM）。统一的工程量计算规则为工程量的计算、计价工作及工程造价管理提供了科学化、规范化的基础。该工程量计算规则作为编制建设项目工程量的依据，是确定标底及报价的基础，同时也适用于工程结算。

2）英国统一工程项目划分及编码

英国统一工程项目划分及编码形式和内容相当于我国的概预算定额项目划分。在英国，所有政府部门、设计、施工、咨询、金融、学校等与建设有关的各个方面，基本上实现了计算机联网，有了统一的项目划分及编码，为项目的经济评价、估算预算的编制、造价的监控、建成后的后评估、资料的积累等提供了统一口径，使得数据交换和共享十分方便。

3）工程量清单（表）

工程量清单系统地提供了拟建工程所有工程量、人工、材料、机械以及对工程项目的说明。在开办费部分说明所采用的合同形式以及影响报价的因素，在分部工程中描述材料的质量和施工质量要求，最后由一个汇总表得出工程造价。工程量清单的主要作用是为参加竞标者提供一个平等的报价基础，为承包商提供估价；工程量清单通常被认为是合同文本的一部分，能为单价调整和变更提供依据；工程量清单是业主中期付款和竣工结算的基础，也为承包商项目管理提供依据。

4）工程造价咨询机构的历史资料

英国的工程造价咨询机构十分注重历史资料的积累和分析整理，建立起本公司一套造价资料积累制度，同时注意服务效果的反馈，形成了信息反馈、分析、判断、预测等一整套的科学管理体系。这些资料不仅为测量各类工程的造价指数提供基础，同时也为工程在没有图纸及资料的情况下提供类似工程造价资料和信息参考。

5）官方发布的工程造价信息

官方工程造价信息的发布往往采取价格指数、成本指数的形式，同时也对投资、建筑面积等信息进行收集发布。它包括有关部门定期公布的劳务、材料、机械等价格信息以及工程造价的综合性指标。官方发布的工程造价信息是各机构必须共同遵守执行的。

6）造价数据库

在英国，十分重视对已完工数据资料的积累和数据库的建立，每个 RICS 会员都有责任和义务，把自己经办的已完工程的造价资料，按照工程的格式认真填报，收入学会数据库，计算机实行全国联网，所有会员资料共享。

7）其他渠道信息

包括刊物登载的有关价格资料，私人公司编制的工程价格和价目表，有关专业学会颁发的造价资料，大专院校和建筑研究部门发表的研究资料，专业技术图书馆提供的造价资料。

（2）英国工程计价依据的编制

英国工程造价计价依据中，工程量计算规则由英国皇家特许测量师学会与土木工程师学会编制；英国统一工程项目划分及编码以及官方发布的工程造价信息由有关部门负责编制。

工程量清单是由发包方编制的，工程量清单的内容主要包括：工程概要（内容包括参加工程的各方、工程地点、工程范围、合同形式等）、开办费、工程量表、暂定金额和基本费用等。

工程咨询机构的历史资料以及造价数据库则是在咨询机构以及各个工料测量师的共同参与下建立起来的，与 RICS 和造价咨询机构等部门间的相互协作分不开。每个RICS 会员都有责任和义务，把自己经办的已完工程的造价资料，按照工程的格式认真填报，收入学会数据库。他们所进行的资料积累，并不只限于从书面到书面，而且还十分注重作实际调查，表现在：在生产效率上，他们甚至对现场工人每天的工时资料都做了记录，整理分析后进入信息库；在设备、材料价格上，凡是需要询价的，都要逐一询价，以校正原有资料的失实之处。在占有大量资料的基础上，通过自动化的分类、分组和整理，就形成了他们的造价数据库。

5.2.2　英国的工程造价专业人才培养

1. 英国对工程造价专业人才的管理及保障

英国政府对各类专业人士的管理以宏观调控为主，而行业协会实行高度自律，负责对从业人员进行职业资格认可、注册、行为监督和管理等，市场根据其市场经济的规律，对从业人员实行优胜劣汰，从而形成了一套由政府、行业协会和市场三方共同作用的较为完善的管理体系，具体形式如图 5-2 所示。

在英国的市场经济模式下，政府并不直接插手经济事务，没有行业管理的归口部门，也不设立专门的行业主管机构。政府只是通过制定完善的法律、法规及技术标准体系，

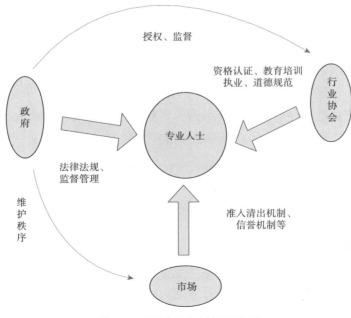

图 5-2　英国专业人士的管理体系

规范行业市场行为，严格执法、监督管理等宏观调控方式，保障市场的良性运行。而具体的对专业人士，政府只负责定期审查。英国皇家特许测量师学会（RICS）对工料测量师的管理总体可以概括为三个方面：一是代表政府对相关从业人员进行资格准入和认可；二是对专业人士教育的介入和管理，包括对高校课程的认证以及提供继续教育，从而保证从业人员的技巧、能力和知识的不断更新和加强；三是对整个行业的管理监督，包括制定严格的工作条例和职业道德标准以及对从业人员的执业行为进行监督控制。

2. 英国工程造价专业人才规模现状

英国的建筑市场对专业人才数量的影响较大，当建筑市场需求量大时，工料测量师的数量就多；当建筑市场不景气，需求量小时，工料测量师的数量也会相应减少。

3. 英国工程造价专业人才的业务范围及职责

英国皇家特许测量师学会对工料测量师的定义是："皇家特许工料测量师是建筑队伍的财务经理，他们通过对建设造价、工期和质量的管理，创造和增加价值，对各种规模的建设项目和工程项目他们均能提供有效的造价管理和控制，同时作为咨询专家在公共事务中他们比任何其他专业的咨询专家提供的服务内容都要多。"因此，工料测量师的职能就是为项目业主或承包商分析投资和开发项目，主要工作内容涉及：生产性和投资性需求评估，作业管理和成本评估，项目可行性分析和预算评估等。随着业主要求的不断变化，工料测量师的工作范围发生变化，主要包括：战略管理、承包管理、数学基础和应用能力、项目管理、多专业性工作、对项目实施方式的建议、总费用等七个方面。

4. 英国工程造价专业人才的认证制度及培养模式

（1）英国工程造价专业人才的认证制度

在英国，对工料测量师的执业资格认可工作由 RICS 全权负责。RICS 采用会员资格和执业资格合一的方法进行管理，从业人员要想获得执业资格，必须满足 RICS 的入会标准，并经过一定时间的实践培训，经考核合格后，成为 RICS 的正式会员，即具有了执业资格，可以独立从事工料测量的各项工作。另外，RICS 考虑到专业人士的知识和年龄结构，将会员分为不同等级，其中，正式会员包括含有资深会员和专业会员两类的专业级会员、技术级会员和荣誉级会员，非正式会员包括学生、实习测量师以及技术练习生。

（2）英国工程造价专业人才的培养模式

1）英国高校工程造价专业人才的培养模式

在英国，大学被授予了相当大的办学自主权，可以自主决定其专业名称和学制年限，专业设置和管理模式也强调自身特点。

2）英国工料测量师的继续教育制度

英国皇家特许测量师学会执行继续教育制度（Continuing Professional Development, CPD）。CPD 就是在 RICS 会员自身的职业发展中，用终身学习的方法去规划、管理职业发展，并从职业发展中获取最大的收益。RICS 特别强调系统性的学习，强调对学习机会的综合理解。CPD 具有三个特点：持续不断的、专业性的、注重发展的。CPD 基本原则：①职业发展应当由学习者个人掌握和支配；②职业发展应保持持续不断地进行，专业人士应当积极地寻求提高专业水平；③ CPD 是个人行为，高效率的学习者对其所要学习掌握的了解最多；④学习目标必须明确；⑤必须抽出一定的时间进行学习，并将其作为职业生涯的重要部分，而不是可有可无的额外行为。有效的 CPD 需要制定系统性的学习计划，这一系统性的学习计划包含 4 个阶段，分别是评价、规划、发展、总结。每个阶段需要解决的问题不同，从评价自身、确立目标、如何实现目标，一直到实现目标以后的评价。

5.3　日本的工程造价管理简述

5.3.1　日本的工程造价管理制度

1. 日本的工程造价管理模式

（1）日本工程造价管理机构

日本实行立法（国会）、司法（法院）和行政（内阁）三权分立的政治体制，内阁为最高行政机关，由内阁总理大臣（首相）和分管各省、厅（部委）的大臣组成。日本在 2001 年将运输省、建设省、国土厅、北海道开发厅合并为国土交通省，主要负责日本全国的国土资源保护和开发，公路交通的建设和管理，铁道交通的监管及气象、地震的预报和预防等方面的行政管理事务。国土交通省下设厅局级单位、研究所及按地域设置的地方局负责日本地方建设等事务的行政管理。国土交通省负责日本的机关、教育、文化、社会福利等建筑设施的建设，制定技术标准，对政府设施的维护提供指导。

（2）日本的工程造价计价模式

日本的工程造价实行积算制度，也是一种量价分离的计价模式。首先由日本政府统一制定一整套工程计价标准，即《建设省建筑工程积算基准》，工程量的计算依据日本建筑积算协会编制的《建筑数量积算基准》，该基准为政府公共工程和私人工程同时广泛采用，所有工程一般是先由建筑积算人员按此规则计算出工程量。工程量计算业务以设计图及设计书为基础，对工程数量进行调查、记录、合计、计量、计算构成建筑物的各部分。其具体方法是，将工程量按种目、科目、细目进行分类，即整个工程分为不同的种目（即建筑工程、电气设备工程和机械设备工程），每一种目又分为不同的科目，每一科目再细分为各个细目，每一细目相当于单位工程。《建设省建筑工程积算基准》中制定了一套"建筑工程准定额"，对于每一细目以列表的形式列明细目中的人、材、机械的消耗量及一套其他经费（如他包经费），通过对其结果分类、汇总，制作详细清单，这样就可以根据材料、劳务、机械器具的市场价格计算出细目的费用，进而可计算出整个工程的纯工程费。纯工程费占整个积算业务的 60% ~ 70%，成为积算技术的基础。

（3）日本政府投资项目的造价管理

在日本，政府投资项目与私人投资项目实施不同的造价管理。对政府投资的项目，分部门直接对工程造价从调查开始，直至交工，实行全过程管理。为把造价严格控制在批准的投资额度内，政府指定专门机构对政府工程进行收集并掌握劳务、机械、材料单价，编制复合单价，作为政府控制项目投资的依据，也可以说，政府工程基本上是由政府控制其预算的。各级政府都掌握自己的劳务、材料、机械单价或利用出版的物价、指数编制内部掌握的工程复合单价。而对私人投资项目，政府通过市场管理，利用招标办法加以确认。

（4）日本建筑业相关法律法规

日本有比较完善的建筑法律制度，包括《建筑基准法》《建筑业法》《建筑师法》等基本法律。《建筑基准法》主要对有关建筑物的用地、构造、设备及用途的最低标准作了详细规定；《建筑师法》是规范建筑师资格的基本法律。除此之外，日本还有一系列与建筑法律制度相配套的法律，如《城市规划法》《住宅地开发限制法》等。

2. 日本的工程计价方式

（1）日本工程造价计价的总体模式

工程量，是按照《建筑数量积算基准》中标准的工程量计算规则进行计算的，该基准被政府公共工程和私人工程广泛采用。工程量计算业务以设计图及设计书为基础，对工程数量进行调查、记录和合计，计量、计算构成建筑物的各部分。具体方法是，将工程量按种目、科目、细目进行分类，即整个工程分为不同的种目（即建筑工程、电气设备工程和机械设备工程），每一种目又分为不同的科目，每一科目再细分到各个细目，每一细目相当于单位工程。由公共建筑协会组织编制的《建设省建筑工程积算基准》中有一套《建筑工程标准定额》，对于每一细目（单位工程）以列表的形式列明单位工程的劳务、材料、机械的消耗量及其他经费（如分包经费），其计量单位为"一套（一揽子，Lump Sum）"。通过对其结果进行分类、汇总，编制详细清单，这样就可以根据材料、劳务、机械器具的市场价格计算出细目的费用，进而可算出整个工程的纯工程费，再以纯工程费为基础，按照有关的费率标准计算出工程价格。

（2）日本工程造价的计价方法

在日本，工程估算大致分为概算估算和明细估算两种。概算估算是在工程计划开始的时候，大致推算一下工程费用，同时进行设计与施工方法的评价和比较，作为编制预算（施工实施预算）的基准。它是一种极简单、概括性的估算，一般是根据类似工程实际结算的工程量、人工、材料、机械使用量等统计指标，结合本工程实际情况进行调整，然后考虑建设期材料设备的年平均增长指数、汇率的变化、建设条件等因素动态地计算工程项目总费用。

明细估算是在详细设计阶段，根据已确定的施工图、技术说明书及现场实际调查资料等大量的实际数据，分析出实物工程量、人工、材料和施工机械台班数，还要考虑建设期的材料设备涨价、汇率的变化等因素，计算出工程项目总费用。

日本工程造价的计算流程如图5-3所示。

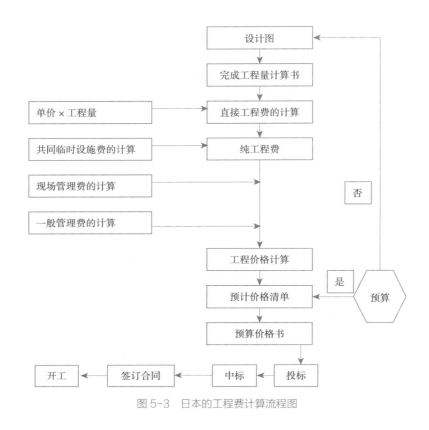

图 5-3　日本的工程费计算流程图

日本通常使用实物法计算材料费、人工费、施工机械费以及建设过程的间接费。对于共同临时设施费、现场管理费和一般管理费可按实际成本计算，或根据历史档案资料按照纯工程费的比率予以计算。

1）直接工程费的计算

直接工程费是指建造工程标的物所需的直接的必要费用，包括直接临时设施费用，按工程种目进行积算。积算是指在材料价格及机器类价格上乘以各自数量，或者是将材料价格、劳务费、机械器具费及临建材料费作为复合费用，依据《建筑工程标准定额》在复合单价或市场单价上乘以各施工单位的数量。若难以依据此种方法，则可参考物价资料上登载的价格、专业承包商的报价等来确定。当工程中产生的残材还有利用价值时，应减去残材数量乘以残材价格的数额。计算直接工程费时所使用的数量，若是建筑工程应依据《建筑数量积算基准》中规定的方法，若是电气设备工程及机械设备工程应使用《建筑设备数量积算基准》中规定的方法。

材料价格及机器类价格，原则上为投标时的现场成交价、参考物价资料的登载价格、制造的报价、合作社或专营者的商品目录、定价表或估价表上的单价、类似工程的单价实例等，并考虑数量的多少、施工条件等予以确定。

人工费依据《公共工程设计劳务单价》。但是，对于基本作业时间外的作业，如特殊作业，可根据作业时间及条件来增加劳务单价。对于偏远地区等的工程，可根据实际情况另外确定。

机械器具费及临时设施材料费，根据《承包工程机械经费积算要领》的机械器具租赁及临时设施材料费而确定，若难以依据上述方法确定时，应参考物价资料登载的租赁费确定。

搬运费中，将材料及机器等搬运至施工现场所需的费用，通常包含在价格中；对于需要在工程现场外加工的，从临时场地搬运时的费用，对于临时材料及为了临时的机械器具而所需的往返费用，应依据日本《货物汽车运输业法》中的运费进行必要的积算。

2）共同临时设施费的计算

共同临时设施费依据费用累计计算，或根据以往的实际资料，按照对直接工程的比率（以下称共同临时设施费率）来计算。不同类型的工程，共同临时设施费率不同，有些工程需要对共同临时设施费率进行修正。

3）现场管理费的计算

一般情况下，现场管理费是根据过去实际的纯工程费比率计算的。现场管理费率依工程类型和规模的不同而有所不同，可按有关标准取定或按现场管理费率计算得到。对于某些类型的工程，如钢结构及钢筋混凝土结构主体建筑物的钢筋工程等，应对现场管理费率予以补正。

4）一般管理费的计算

一般管理费和附加利润，按相对于工程原价的比率计算。一般管理费的费率可按照给定的标准计取。

将同一建筑物或同一地盘内的工程分别发包时，中标人的共同临时设施费、现场管理费和一般管理费，就是从本工程整体计算的共同临时设施费、现场管理费和一般管理费中扣除已竣工部分工程预算清单中记载的共同临时设施费、现场管理费和一般管理费部分。

3. 日本的工程计价依据

（1）日本工程计价依据的类型

在日本，经建设省批准发布的计价依据主要有：

1）"建筑计算要领"。主要包括两方面内容，一是规定了工程费的构成，包括直接工程费、临时工程费、现场管理费、一般管理费等，并规定了费用具体内容；二是规定了上述各项费用的计算方法和具体费率标准。"建筑计算要领"相当于我国目前各地区、各部门发布的费用定额。

2）"建筑工程标准定额"。主要包括完成土方、打桩、梁、柱、板、屋面以及装饰等工程所需的人工、材料消耗。一般五年修订一次，每年大约修订1/5，相当于我国批准发布的全国统一建筑工程基础定额。

3）"建筑数量计算基准解说"。是日本政府部门、建设单位和建筑企业承发包工程计算工程量时共同遵循的统一规则。该基准相当于我国的全国统一建筑工程预算工程量计算规则。

4）"新营厅舍面积算定基准"和"新营预算单价"与"建筑工程标准定额"相比较为粗略，主要在项目前期供业主投资决策时使用，相当于我国的估算指标。

5）其他计价依据。日本交通、电力等其他专业部门也都相应编制并发布各行业的计价依据。隶属于日本官方机构的"经济调查会"和"建设物价调查会"，专门负责调查各种相关经济数据和指标。与建筑工程造价有关的刊物有：《建设物价》（杂志）、《积算资料》（月刊）、《土木施工单价》（季刊）、《建筑施工单价》（季刊）及《物价版》（周刊）等定期发行的资料。另外，还在因特网上提供一套《物价版》（周刊）登载的资料。"建设物价调查会"还受托对政府使用的"积算基准"进行调查，即调查有关土木、建筑、电气、设备工程等的定额及各种经费的实际使用情况，报告市场中建筑工程的工程价、材料价、印刷费和劳务费，按都道府排列。价格的资料来源是各地商店、建材店、货场或工地实地调查所得。每种材料都标明由工厂运至工地，或由库房、商店运至工地的差别，并标明各月的升降状态。从日本的工程造价管理上来看，日本政府指定专门机构（如上述研究会）针对政府工程收集掌握劳务、机械、材料单价，并编制复合单价，作为控制政府项目投资的依据，也可以说，政府工程基本上是由政府控制其预算的。

（2）日本工程计价依据的编制

在日本，由国土交通省统一组织或统一委托编制并发布有关公共建筑工程计价依据。日本每半年报表调查一次工程造价变动情况，每三年修订一次现场经费和综合管理费，每五年修订一次工程概预算定额。此外，由财团法人经济调查会和建筑物价调查会负责对日本国内劳动力价格、一般材料及特殊材料价格进行调查和收集，每月向全社会公开发行人工、机械、材料等价格资料，并且还发布主要材料的价格预测及建筑材料价格指数等。

5.3.2　日本的工程造价专业人才培养

在日本，工程积算制度是日本工程造价管理所采用的主要模式。工程造价咨询行业由日本政府建设主管部门和日本建筑积算协会统一进行业务管理和行业指导。其中，政府建设主管部门负责制定发布工程造价政策、相关法律法规、管理办法，对工程造价咨询业的发展进行宏观调控。

工程造价咨询公司在日本被称为工程积算所，主要由建筑积算师组成。日本的工程积算所一般对委托方提供以工程造价管理为核心的全方位、全过程的工程咨询服务，其主要业务范围包括：工程项目的可行性研究、投资估算、工程量计算、单价调查、工程造价细算、标底价编制与审核、招标代理、合同谈判、变更成本积算、工程造价后期控制与评估等。

从建筑的筹划、设计到施工、合同及经营管理整个建筑生产过程中，以科学的方法和技术对建筑成本予以控制，意义非常重大。按照建筑设计图纸算出工程量、做出工程量清单的建筑数量，是建筑积算的基本业务之一。为了适应对建筑生产透明性、妥当性和合理性的要求，确立积算方法显得非常重要。为此，日本建筑积算协会于1979年创立了建筑积算士制度，但于1990年废除，建立了建筑积算资格者制度，作为新的认定资格。

日本实行积算师资格认定制度，资格认定实施工作由日本建筑积算协会负责。资格认定须参加考试，考试合格者可获得资格认定。资格认定主要是体现积算人员技术水平。建筑积算师分布在工程建设各个领域，其中，主要分布在设计单位、施工单位及工程积算所等。

5.4　国外工程造价管理特点

通过对美国、英国、日本工程造价管理的分析，可以发现国外工程造价管理具有以下特点：

1. 工程造价管理组织机构

发达国家政府参与工程造价管理的一般途径和作用有：

（1）定期公布各类工程造价指南，供社会参考；

（2）负责政府投资的有关部门对自己主管的项目进行直接管理，并积累有关资料，形成自己的项目划分和计价标准；

（3）劳工管理部门制定及发布各地人工费标准来直接影响工程造价；

（4）主管环保及消防的有关部门通过组织制定及发布有关环境保护标准来间接影响工程造价；

（5）通过银行利率等经济杠杆对整个市场进行宏观调控，从而影响工程造价的构成要素，最终影响工程造价。

另外，对于政府投资项目和非政府投资项目，实行不同的管理模式。政府管理的重点主要集中在政府投资的项目上。对于政府投资项目（公共工程），政府作为投资者进行严格管理，但是这种管理并不是以市场管理者的角度进行的，而是以一个投资主体身份，以追求投资效益为目的所进行的项目管理。包括用各种标准、指标在核定的投资范围内进行方案和施工设计，严格实行目标控制，在保证使用功能的前提下宁可降低标准，也要将投资控制在限额内。

此外，行业协会在工程造价管理中发挥重大作用，很多国家的工程造价管理主要依靠社会化的行业协会来进行管理，政府对工程造价的干预主要采取以经济手段为主的间接方式进行。

2. 工程造价管理相关法律法规

发达国家市场化和法制化程度都非常高，建立了完善的法律体系，虽然专门的建筑法规较少，但建筑活动的各个环节都有相应的综合性法规进行规范，这为建筑产品的交易提供了良好的平台。英国、美国和日本都有严格的合同管理制度和担保、保险制度，这为合同的严格执行创造了条件。建筑行业技术规范与标准对建筑业的管理起着十分重要的作用。建筑法规体系非常严密，有关政府对建筑业管理的常规事务都有明确的法规进行规定。建筑法规由专门的机构进行编制，这些机构不仅熟悉建筑业的管理，而且对法规的编制也非常精通。建筑法规的编制非常完整，具有较好的可执行性。

3. 工程造价的计价模式

在工程交易阶段，发达国家普遍实行工程量清单计价模式，部分国家在全国范围内有统一的工程量计算规则和项目编码。如：美国的行业组织发布的项目编码；英国现行的《建筑工程工程量标准计算规则》（SMM）及《土木工程工程量标准计算规则》等；日本的《建设省建筑工程积算基准》及《建筑数量积算基准》等。

6

工程经济分析基本方法

【教学提示】

　　本章的学习目的是为了让学生认知资金的时间价值，了解工程项目融资的成本和建设期利息的计算方法，进而了解建设项目经济评价的主要内容与方法，了解价值工程的概念、原理、程序与方法。工程经济学是工程造价专业的重要基础课，在专业课教学中会更加深入、全面。本章是为了让学生有个初步了解，有助于对下一章"现代工程造价管理方法"的理解和基本理念的形成。

6.1 工程经济活动与工程经济学

6.1.1 工程经济活动

工程经济活动就是把科学研究、生产实践、经验积累中所得到的科学技术有选择地、经济地、创造性地应用到最有效利用自然资源、人力资源和社会其他资源的经济活动和社会活动中，以满足人们需求的过程。

工程经济活动的目的是通过工程建设和生产，满足人们对物质生活和精神生活的需求。它要求我们以科学技术为基础，尊重科学和自然规律，并通过工程和生产实践经验的积累，通过创造性的工作，选择最有价值的方案，有效地利用好自然资源、人力资源和社会其他资源。

人类的活动包括经济活动和社会活动。经济活动是人类最基本的活动，它是人类生存和发展的基本需要，人类使用一定的工具和手段改变自然或非自然的物质，来适应人类自身的需要。社会活动是为了更好地服务于全社会的共同需要，而必须通过政治、法律、文化等制度的建设，来满足人们在政治目标、文化艺术、科研与教育、医疗保健、扶贫济困、国防安全等方面的要求。经济活动是社会活动的基础，经济发展水平决定着社会活动的层面，社会活动虽然不直接满足人类的物质生活需要，但将促使人类进一步走向文明和可持续发展。随着人类文明的进步和社会经济的发展，特别是经济全球化和数字经济的产生，一般性物质生活已经基本上可以获得满足，人类对精神生活、生态环境、社会的可持续发展提出了更高的要求，这就要求我们提高科技创新能力，使工程活动更加符合"创新、协调、绿色、开放、共享"的发展理念。

6.1.2 工程经济学

1. 工程经济学概念

工程经济学是研究如何根据既定的活动目标，分析活动的代价及其对目标实现的贡献，并在此基础上设计、评价、选择以最低的代价可靠地实现目标的最佳和满意活动方案的学科。工程经济学的核心内容是一套工程经济分析的思想与方法，是人类提高工程经济活动效率的基本工具。

2. 工程经济学基本思想

（1）追求最大的工程经济活动的经济效果

工程经济活动以满足人类自身的物质文化生活为目标，该目标是通过工程经济活动所产生的效果来实现的。根据活动对具体目标的不同影响，效果可分为有用的、所期望的，也可能会产生无用的或想避免的，前者为效益，后者即为损失。

由于工程经济活动的性质不同，因而会取得不同性质的效果，如：财务效果、科技效果、艺术效果、生态效果、社会效果等。但无论取得哪种实践效果，都将涉及必要的资源消耗，都会有节约和浪费问题。由于在特定的时间、地域条件下，人们可支配的经济资源总是有限的，因此，在工程经济活动前，就要进行必要的工程经济分析，其目的是在有限的资源约束条件下，对所采用的技术方案进行选择，并通过活动本身的计划、组织、协调、控制等，最大程度地提高工程经济活动的效益，降低和消除不利影响，最终提高工程经济活动的价值。

工程经济活动的效果要通过对工程经济活动所产生的效益与工程经济活动所产生的费用及损失的比较进行对比分析。即工程经济效果 = 效益 − （费用 + 损失）。

提高工程经济活动的效果是工程经济学的核心思想，也是工程经济分析的出发点和归宿点。通过工程经济活动的途径，一是用最低的全寿命周期成本实现产品、作业、服务或系统的必要功能；二是在费用一定的前提下，不断提高产品、作业、服务或系统的质量，改进其功能。

（2）协调技术和经济的对立统一关系

技术与经济一直是对立的，从具体项目上看，要追求技术先进，就要付出经济代价，但是从长期来看，经济是技术进步的目的，技术是达到经济活动目标的手段，又是推动经济发展的强大动力。因此，工程经济学要科学地处理好技术与经济间对立统一的辩证关系，要结合项目的具体条件，避免片面地追求技术先进和艺术效果，研究最优的资源、技术、文化等要素组合，提升工程经济活动的最佳效果。

（3）科学地预测工程经济活动的结果

人类通过科学研究，会不断认识客观世界运动变化的规律，这就使人们可以对自身活动的结果进行可续分析和一定程度的科学预测，判断一项活动目标的实现程度，并可以相应地选择、修正所采取的方法与措施。

工程经济分析就是对工程经济活动方案在实施前和实施中的各种结果进行估计和评价的过程，属于事前和事中的主动控制，通过信息的搜集和资料分析，制定相应的对策和措施，来防止风险和偏差。虽然事后也进行评价与总结，但其主要目的是进一步认知项目建设和生产的规律，总结经验教训，指导未来，对未来的经济活动可能发生的后果进行可续合理的预测。只有充分地认知经济活动，提高预测的准确性，客观地把握未来的不确定性，才能提高风险防控能力，不断提升决策的科学性。

（4）寻求技术方案的可比性

为了对多种技术方案进行评价和优化，就要全面、正确地反映实际情况，使各个技术方案的条件等同化，寻求技术方案的可比性。由于各种技术方案涉及的因素较多，也较为复杂，很难做到定量化以及绝对的可比性和等同化，在实际工作中，一般通过使对技术方案经济效果影响较大的主要方面达到可比性要求，包括：①产出成果使用价值的可比性；②投入相关成本的可比性；③时间因素的可比性；④评价参数的可比性；⑤可持续发展的可比性等。

（5）系统地评价工程经济活动

综合考虑经济活动与社会发展、环境保护的关系，提出绿色、协调发展，已经成为人类的共识。为了防止工程经济活动片面追求经济效益，只对一个利益主体产生积极效果，而可能损耗到另一些利益主体的目标，要求工程经济活动进行系统性评价。系统性评价主要表现为三个方面：一是使评价指标多样性和多层次，构成一个指标体系；二是评价角度和立场呈现多样性，工程经济评价根据评价的立场和看问题的出发点不同，分为财务评价、国民经济评价和社会评价；三是评价方法的多样性，是定量与定性、静态与动态、单指标评价与多指标综合评价相结合。系统性评价就是要兼顾不同的利益主体、多个活动目标及影响，寻求满足各利益主体目标相互协调的均衡结果，获得较为满意的整体方案。

3. 工程经济分析基本步骤

（1）确定目标

明确目标是工程经济活动成功的基础。工程经济分析的第一步就是通过调查研究，分析工程经济活动的显现和潜在需求，确立工作目标。众多建设项目的实践表明，建设方在建设前对需求的认知不到位、不明确，建设中不断修改和完善需求，因此，工程项目的成功与否，不仅取决于活动本身的系统效率，而且与需求分析密切相关，这就必须进行深入的市场调查，提升对工程的认知能力，发挥不同专业的作用，明确建设目标，在此基础上，做到技术可行、经济合理。

（2）寻找关键要素

这里的关键要素就是实现目标的制约因素，寻找和确定关键要素是工程经济分析的一个重要工作内容。工程建设的制约因素很多，有主要的，也有次要的，只有抓住主要，确定了关键因素，才能集中力量，采取合理、有效的措施，解决主要矛盾，确保项目目标的实现。

（3）穷举方案

穷举方案就是要发现和制定各种备选方案。在关键要素确定后，为实现经济活动的目标，要研究多种可选择方案，分析其优劣。工程经济分析的意义就在于多方案的优选与确定方案的优化，因此在方案比选时，就要尽可能多地提出潜在的方案。工程技术人员应发挥各自的优势，不仅要头脑风暴似地凭直觉提出方案，还要在穷举方案的基础上，提交各专业人员进行交叉配合，在研究和优化的基础上选择最佳方案。

（4）评价方案

在技术方案可行的基础上，各个方案的费用、效益往往又是不同的，这就要求通过不同备选方案的经济效果评价，找出最佳方案。评价方案时，首先是将关键要素尽可能定量化，用货币形式进行收益与费用的定量分析，计算各方案的现金流量，计算出现金流量发生时点的各类经济指标，进行对比后，选出最佳方案。

（5）决策

决策是工程项目实施的关键环节，就是要从若干行动方案中选择即将实施的方案，对项目的效果与成败至关重要。在项目决策时，决策、技术、经济、管理人员要进行必要的信息交流与沟通，减少信息不对称所产生的分歧，使各方、各专业人员充分了解各方案的工程技术、经济特点，以及相应的效果，提高决策的科学性。

6.2　资金的时间价值

6.2.1　资金的时间价值含义与计算

1. 资金时间价值的含义

时间是流动的，也是有限的，本质上也是一种资源。资源是有限的，并且是有价值的。资金作为一种资源，不仅具有价值，并且如果投入得当，随着时间的流动，还会产生更大的价值。对工程项目而言，在一定的资源投入前提下，在同样的时间内，产生最大的价值，是工程经济分析的意义所在。当我们将暂时不用的资金存入银行时，会获得一定的利息收入；当我们进行项目投资时，一般都期望获得一定的收益；当建设项目资金不够时，有时要进行银行借贷，这时要支付银行利息。这就反映出，资金随着时间的推移而发生变化，变动的这部分资金就是原有资金产生的价值。

因资金时间价值的存在，同样一笔资金的价值在不同的时点是不一样的。因建设项目一般要在一定的持续时间内投资建设，或两三年或十余年，而其产生价值要在生产期，或十余年或数十年。这就需要对不同时点投入（现金流出）或产出（现金流入）的价值通过一种换算进行价值的比较。考虑资金的时间价值，并进行分析比较、评价与选择，即是工程经济最基本的出发点。

2. 资金的时间价值计算

资金的时间价值又称为货币的时间价值，是资金或货币作为生产要素，在技术创新、社会化大生产、贸易流通过程中随着时间变化而产生的增值。利息是资金时间价值的基本表现形式，或者说利息就代表了资金的时间价值。

利息是借贷过程中，债务人向债权人支付的超过原借款本金的那部分费用。利息常常被看成是资金的一种机会成本，债权人出借资金这种资源，理应获得必要补偿；而债务人占用债权人的资金，则应付出一定的代价。

与利息相关的除时间因素外，还有效率或成本因素，即利率。利率是指一定时期内利息额与借贷资金额即本金的比率。利率是决定企业资金成本高低的主要因素，它一般会受社会平均利润率、供求关系、通货膨胀率、借款期限和借贷风险影响。

利率可以年利率、月利率和日利率的形式来表现。利率通常以年利率为单位，可以一年一次计息，也可一年两次或多次计息，在两次或多次计息时则应区分名义利率和实际利率。

利息要依据借款本金、借款时间和借款利率进行计算。可以按单利计算，也可以按复利计算。单利即只计算本金产生的利息；复利既要计算本金产生的利息，也要计算上期利息产生的利息。具体计算方法分别如下：

（1）单利计算公式

$$I=P \times i_d \times n \qquad (6-1)$$

I——第 n 个计息周期的利息总额；

P——借款本金；

i_d——计息周期单利利率；

n——计息周期数或计息次数。

一般将本金与总的利息之和称为本利和，以 F 表示，则第 n 期的本利和为：

$$F = P+I$$

（2）复利计算公式

$$I_t = i \times F_{t-1} \qquad (6-2)$$

I_t——第 t 年末利息；

i——计息周期的利率；

F_{t-1}——第（t-1）年末复利计息的本利和。

第 t 年末复利计息的本利和为：

$$F_t = F_{t-1} \times (1+i)=P \times (1+i)^n \qquad (6-3)$$

例如：A 向 B 借款 100 万元，约定年利率为 10%，3 年后偿还本息。如果约定以单利计息，3 年后的利息为 I = 100 × 10% × 3=30 万元，3 年后的还本付息额（本利和）为 130 万元。如果约定以复利方式计息，第 1、2、3 年的利息分别为，I_1 = 100 × 10%=10 万元、I_2 =（100+10）× 10%=11 万元、I_3 =（100+10+11）× 10%=12.1 万元，3 年的利息总和为 33.1 万元，3 年后的还本付息额为 133.1 万元。显然，在同样的利率和还款时间下，复利计息所获得的利息更高，特别是工程建设项目，有的还款期会高达十余年，这个差距会更大。

复利计息能更好地体现资金的时间价值，因此，建设工程的经济评价、建设期利息等的计算如无特殊提示，一般均采用复利计算。

6.2.2 现金流量的含义与表示

1. 现金流量的含义

在工程经济分析中，通常需要将一个考察的对象视为一个系统，这个系统可以是一个项目或一个企业，也可以是一个区域、甚至是一个国家。现金流量研究的是在它的系统生命周期内资金的流入、流出等情况。对某一时点流入系统的资金称为现金流入，流出的资金称为现金流出，同一时点的现金流入减去现金流出称为净现金流量。现金流入量、现金流出量、净现金流量统称为现金流量。

现金流入与现金流出是一个相对的概念，如某建设项目，借用某银行 100 万元，从企业的角度是现金流入，从银行的角度是现金流出，在进行建设项目经济评价时，如投入到项目建设上，从项目经济评价的角度又是现金流出。

2. 现金流量的表示

（1）现金流量图

现金流量图是反映经济系统资金运动状态的图式。现金流量图可以形象、直观地表示现金流量的三个要素：资金的大小，资金流入或流出方向，资金流入或流出的时间点（作用点）。如图 6-1 所示。

图 6-1　现金流量图

现金流量图中横轴表示时间轴，0 表示时间序列的起点，n 表示时间序列的终点。轴上每一间隔表示一个时间单位，一般用年、季或月表示。$0 \sim n$ 整个横轴为系统的寿命周期或计算期。与横轴相连的垂直箭线代表不同时点的现金流入或现金流出。在横轴上方的箭线表示现金流入；在横轴下方的箭线表示现金流出。垂直箭线的长度表示各时点现金流量的大小，需注明现金流量的数值。垂直箭线与时间轴的交点为现金流量发生的时点（即作用点）。

为了进一步反映在计算期内净现金流量的时间价值，可以根据设定的折现率进行折现，计算各年的折现净现金流，并可以合并计算累计的净现金流量，来反映建设项目的实际收益情况。

（2）现金流量表

现金流量表是现金流量的另一种表现形式。它可以很清晰地表示各年的各类现金流入与现金流出，净现金流量，累计净现金流量，折现净现金流量，累计折现净现金流量等。表 6-1 为某项目投资现金流量表。

建设项目经济评价多用现金流量表进行表示，包括项目投资现金流量表、资本金现金流量表等。

某项目投资现金流量表（万元）   表 6-1

序号	项目	建设期	运营期					
		1	2	3	4	5	6	7
1	现金流入	0.00	676.00	720.00	720.00	720.00	720.00	1380.00
1.1	营业收入		576.00	720.00	720.00	720.00	720.00	720.00
1.2	补贴收入		100.00					
1.3	回收固定资产余值							460.00
1.4	回收流动资金							200.00
2	现金流出	1000.00	574.50	442.50	442.50	480.00	442.50	442.50
2.1	建设投资	1000.00						
2.2	流动资金投资		200.00					
2.3	经营成本		304.00	380.00	380.00	380.00	380.00	380.00
2.4	维持运营投资					50.00		
2.5	调整所得税	—	70.50	62.50	62.50	50.00	62.50	62.50
3	净现金流量	−1000.00	101.50	277.50	277.50	240.00	277.50	937.50
4	累计净现金流量	−1000.00	−898.50	−621.00	−343.50	−103.50	174.00	1111.50
5	基准收益率 10%	0.91	0.83	0.75	0.68	0.62	0.56	0.51
6	折现后净现金流量	−909.10	83.88	208.49	189.53	149.02	156.65	481.13
7	累计折现净现金流量	−909.10	−825.22	−616.73	−427.20	−278.19	−121.54	359.59

6.3 工程项目投融资

6.3.1 工程项目的资金筹措

1. 资金筹措的概念及来源

项目建设都需要大量的建设资金，无论使用什么资金都需要研究资金筹措方案，进行融资成本分析，进而开展项目的可行性研究，包括建设项目经济评价。资金筹措是对拟建项目所需投资进行的自有资金和借贷资金的筹集。

项目融资包括既有法人融资和新设法人融资。既有法人融资是指建设项目所需的资金来源于既有的法人内部融资、新增资本金和新增债务资金，新增的债务由既有法人来偿还并提供信用担保，这类项目一般适用于扩大生产能力以及建设配套和协作项目。新设法人融资是指由项目发起人组建具有独立法人资格的项目公司，由新建的项目公司承担融资责任和风险，由新建项目靠盈利来偿还债务，并以项目资产、未来收益或权益作为融资担保。

建设项目资金来源可分为自有资金和借贷资金。项目的自有资金包括：项目主持者自有资金、国内外协作者自有资金、对国内外发行的股票等；项目借贷资金来源有：国际金融机构贷款、国与国之间的政府贷款、出口信贷、商业信贷、国内的其他贷款，以及对国内外发行的债券等。

当项目自有资金不能满足项目投资所需的时候，需要筹措借贷资金。但对于独立经营的企业来说，筹措借贷资金一般都需要有一定的自有资金作基础，以减少借贷资金的风险性。

2. 项目资本金

项目资本金是建设项目总投资中由投资者认缴的投资额，项目资本金是非债务资金，因此，项目法人不承担其利息与债务。投资者以资本金的出资额度或比例享受所有者权益。项目资本金按出资协议一次认缴，并根据资金投入计划和项目建设进度按比例逐年到位，一般不得中途停止投入或抽回资金，但可以按出资协议进行权益转让。

项目资本金的来源主要是货币资金，也可以以土地使用权、实物、知识产权等作价出资。

固定资产投资项目资本金制度既是宏观调控手段，以进一步促进产业结构的调整，同时也是风险约束机制。国家对项目资本金实行严格的管理制度，一是以知识产权作价出资，除个别高新技术成果有特别规定的外，其所占的比例一般不得超过项目资本金总额的20%。二是国家规定项目资本金不得低于项目总投资的一定比例。目前执行的是《国务院关于调整和完善固定资产投资项目资本金制度的通知》（国发〔2015〕51号）。各行业固定资产投资项目的最低资本金比例按以下规定执行。

（1）城市和交通基础设施项目：城市轨道交通项目为20%，港口、沿海及内河航运、机场项目为25%，铁路、公路项目为20%；

（2）房地产开发项目：保障性住房和普通商品住房项目为20%，其他项目为25%；

（3）产能过剩行业项目：钢铁、电解铝项目为40%，水泥项目为35%，煤炭、电石、铁合金、烧碱、焦炭、黄磷、多晶硅项目为30%；

（4）其他工业项目：玉米深加工项目为20%，化肥（钾肥除外）项目为25%，电力等其他项目为20%。

另外，城市地下综合管廊、城市停车场项目，以及经国务院批准的核电站等重大建设项目，可以在规定的最低资本金比例基础上适当降低。

根据资本金计算的历史习惯，资本金的计算基数是建设项目概算总资金，即项目固定资产投资与铺底流动资金之和。

6.3.2　工程项目的资金成本

1. 项目资金成本及其构成

资金成本是指企业为筹集和使用资金而付出的代价。一般包括筹集成本和使用成本两个方面。资金筹集成本是指在资金筹集过程中所支付的各项费用，如发行股票和债券所支付的印刷费、发行手续费、律师费、评估费、担保费、广告费等。资金使用成本是指占用资金而支付的费用，主要是支付给股东的红利与股息，支付给债权人的利息及相关费用。

2. 资金成本的计算

资金成本的表示方法有两种，即绝对数表示方法和相对数表示方法。绝对数表示方法是指为筹集和使用资本到底付出了多少费用。相对数表示方法则是通过资金成本率来表示，用每年的资金使用费用与筹得的资金净额（筹资金额与筹资费用之差）之间的比率来定义。资金成本率的计算公式如下：

$$K = \frac{D}{P-F} \tag{6-4}$$

或

$$K = \frac{D}{P(1-f)} \tag{6-5}$$

式中　K——资金成本率（一般也可称为资金成本）；

　　　P——筹资资金总额；

　　　D——使用费；

　　　F——筹资费；

　　　f——筹资费费率（即筹资费占筹资资金总额的比率）。

项目的资金使用成本过高会导致项目的投资收益下降，因此要高度重视项目的资金使用成本。特别是建设项目在建设期被延长、投资估算不准确、物价上涨、生产初期达成率低的情况下，项目的资金流会出现负值，这种情况下要考虑短期融资（借贷），会造成更高的资金使用成本，导致项目预期收益大幅下降。

正因为项目的资金成本对项目有重要影响，所以 20 世纪 80 年代后陆续出现了一些新型融资模式，如：BT（Build-Transfer，建设—移交）、BOT（Build-Operate-Transfer，建设—运营—移交）、PPP（Public-Private-Partnership，政府与私人组织之间，为了提供某种公共物品和服务，以特许权协议为基础，彼此之间形成一种伙伴式的合作关系）等模式。工程造价专业人员应加强对项目融资模式的认知与研究，并在工程实践中积极加以应用。

6.3.3　建设期利息的计算

建设期利息是指在建设期内发生的为工程项目筹措资金的融资费用及债务资金利息。建设期利息的计算，应根据建设期资金用款计划，可按当年借款在当年年中支用考虑，即当年借款按半年计息，上年借款按全年计息。在贷款的利息计算中，年利率应综合考虑贷款协议中向贷款方加收的手续费、管理费、承诺费、担保费等。

6.4　工程项目经济评价

工程项目经济评价是项目可行性研究的重要组成部分，也是决策者和投资者最关心的内容，它对提高工程项目投资科学决策水平，规避投资风险，发挥投资效益，以及研究投资及经营策略均具有重要意义。

6.4.1　工程项目经济评价的内容

工程项目经济评价的主要内容是财务分析和经济分析。

（1）财务分析。财务分析是从项目的财务角度出发，基于现行的财税制度、投入与产出品的价格分析，计算建设项目的财务效益与费用，进而分析项目的盈利能力和清偿能力，评价建设项目在财务上的可行性。财务分析又称财务评价。

（2）经济分析。经济分析是从项目对国民经济整体利益的角度，通过国民经济评价的重要参数，计算项目对国民经济的贡献，进而分析项目的经济效率、效果和对社会的影响，评价项目在宏观经济上的合理性。经济分析又称国民经济评价。

财务评价与国民经济评价既有联系，也有区别。其经济原理是一致的，但是，因出发点不同，其参数、价格的取定，费用和效益的组成也是不同的。除涉及国家安全、国土开发、产品价格非市场化，以及对区域发展有重大影响的工程外，建设项目一般仅进行财务评价。因此，在没有特指的前提下，所述的经济评价内容也是财务评价。

6.4.2　工程项目财务评价的方法

1. 工程项目财务评价的步骤

工程项目财务评价要经过评价基础数据准备、融资前分析和融资后分析三个步骤。

（1）基础数据准备。确定项目财务评价的基础数据，包括建设投资、固定资产折旧年限、营业收入、经营成本、流动资金等。

（2）融资前分析。通过对融资前项目的现金流量分析，分析项目的财务评价指标，判断项目的投资效益。

（3）融资后分析。通过对融资后项目的借贷资金成本的分析，计算建设期利息和项目经营期的还本付息额，并通过对项目资本金的现金流量分析、各投资方现金流量分析，分别对项目法人和各投资方的投资效益进行分析。财务评价的流程如图6-2所示。

2. 工程项目财务评价的主要工作内容

（1）确定财务评价的基础数据。营业收入，包括项目经营期各年的达成率、各品种的销售量与销售价格；财政补贴或其他收入；项目总投资及构成、投资计划，包括建设投资、建设期利息、流动资金，各年度的投资使用计划等；项目资本金及其出资方式等；项目借贷资金及其还本付息和使用计划；项目总成本费用、经营成本及其构成，包括外购原燃材料及动力费、工资及福利费、修理费、折旧费、摊销费、财务费用、销售费用及其他费用；运维阶段的投资，如设备更新改造费用、窑炉冷修费用等；税金，包括增值税（营业税）及其附加税、消费税、所得税、资源税。

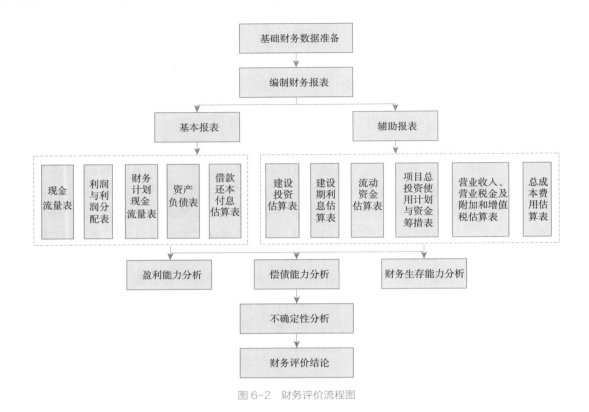

图 6-2　财务评价流程图

（2）确定财务评价参数。主要是行业的基准收益率、基准投资回收期、投资利润率、资本金内部收益率等。

（3）编制财务评价报表，计算财务评价指标。编制财务报表，包括建设项目投资估算表、资金来源与运用表、借款还本付息计算表、总成本费用估算表、全部投资现金流量表、资本金现金流量表、资产负债表、损益表等。通过上述报表获取财务评价指标。

（4）进行财务效益分析。通过财务评价报表和计算的财务评价指标，进行项目的盈利能力和借款偿还能力分析。

（5）进行不确定性分析。包括盈亏平衡分析、敏感性分析与风险分析。盈亏平衡分析是研究工程项目产品成本费用、产品销量与盈利平衡关系的方法。如达产率达到多少项目开始盈利，这个达产率及其对应的生产能力、销售收入即为盈亏平衡点。敏感性分析是研究建设项目主要不确定性因素发生变化时，项目经济效果指标发生的相应变化，以找出项目的敏感因素，确定其敏感程度。一般而言，产品的销售价格、主要原材料价格、项目投资、产品的产量（包括达产率和成品率）、贷款利率都会成为项目经济效果的敏感因素。风险分析，对于一个拟建项目或在建工程而言，项目的风险多具有不确定性，风险分析就是要识别和预测风险，并设计和选择合适的方案来控制风险。风险分析一般要经过风险识别、风险估计、风险评价、风险决策和风险应对等工作过程。

6.5 价值工程

6.5.1 价值工程的基本概念

价值工程（Value Engineering，VE）是指以产品的功能分析为核心，以提高产品的价值为目的，力求以最低寿命周期成本实现产品使用所要求的必要功能的一项有组织的创造性活动。又称功能成本分析或价值分析（Value Analysis，VA）。

价值工程广泛用于产品制造、工程建设等领域，它强调通过各个专业人员密切配合，进行创意性的功能分析，来合理地满足使用者对产品或建筑物的需求，并在满足功能的基础上充分考虑寿命周期的成本。其实，任何一个产品或建筑物的价值工程实施，不仅优化了产品和建筑本身，带来价值的提升，同时，通过不同专业人士的创意性工作，还会产生巨大的科技创新价值。例如，日本夏普公司在进行蒸汽微波炉研发时，就产生了数百项的技术专利。

价值工程涉及价值、功能和寿命周期成本三个基本要素，其基本思想是以最少的费用换取所需要的功能，以及以提高工业企业的经济效益为主要目标，促进老产品的改造和新产品的开发。当然，价值工程更适合复杂的建设工程的价值管理，尤其是在决策和设计阶段，多用于设计方案的优化。

价值工程中的"价值"是指产品的功能（或效用）与获得此种功能所支出的成本（或费用）的比值。

价值工程中的"功能"是指价值工程中的分析对象能够满足某种要求的一种属性。具体地讲，功能就是用途与效用。功能一般分为基本功能与辅助功能；按照功能性质和特点分类，又分为使用功能和品位功能；开展价值工程功能分析时，一般分为必要功能、不必要功能、不足功能和过剩功能。

价值工程中的"成本"是指产品的寿命周期成本，产品的寿命周期成本由生产成本和使用及维护成本组成。产品生产成本包括产品的构思、研究、设计、生产、销售等费用，以及税收和利润等。产品使用及维护成本包括使用中的能耗费用、维修费用、人工费用、管理费用以及报废拆除费用等。

6.5.2 价值工程基本原理

1. 价值基本原理

价值工程的价值是一个相对概念，是研究对象的比较价值，不要理解为研究对象的使用价值或经济价值，它是作为评价事物有效程度的一种尺度提出来的。价值工程中的价值、功能、成本三者关系的数学表达式为：

$$V=\frac{F}{C}$$

（6-6）

式中　　V——研究对象的价值；

　　　　F——研究对象的功能；

　　　　C——研究对象的成本，即周期寿命成本。

2. 提高价值的途径

根据价值工程的基本原理 $V=F/C$，价值工程是以提高产品价值为目的的，即通过改进设计，以更少的成本、更充分地实现用户（或产品）所需要的功能。因此，企业应当深入分析、研究产品功能与成本的最佳匹配，在工程设计时，研究提高价值的有效途径。价值工程提高产品价值的途径有以下 5 种：

（1）在提高产品功能的同时，降低产品成本，这是提高价值最为理想的途径。即 $F\uparrow$、$C\downarrow$、$V\uparrow$。

（2）在产品成本不变的条件下，通过提高产品的功能，来提高价值。即 $F\uparrow$、$C\rightarrow$、$V\uparrow$。

（3）保持产品功能不变的前提下，通过降低产品的寿命周期成本，来提高价值。即 $F\rightarrow$、$C\downarrow$、$V\uparrow$。

（4）产品功能有较大幅度提高，产品成本有较少提高，来提高价值。即 $F\uparrow\uparrow$、$C\uparrow$、$V\uparrow$。

（5）在产品功能略有下降的情况下，产品成本大幅度降低，来提高价值。即 $F\downarrow$、$C\downarrow\downarrow$、$V\uparrow$。

6.5.3　价值工程工作程序

价值工程一般的工作程序是先发现问题、再分析问题、最后解决问题，一般均分为准备、分析、创新、实施与评价四个阶段。其工作步骤实质上就是针对产品功能和成本提出问题、分析问题和解决问题的过程，见表 6-2。

价值工程的工作程序　　　　　　　　　　　表 6-2

过程	工作阶段	工作步骤	对应问题
发现问题	准备阶段	对象选择 组成工作小组 制定工作计划	（1）价值工程的研究对象是什么 （2）围绕价值工程对象需要做哪些准备工作
分析问题	分析阶段	收集整理资料 功能定义 功能整理 功能评价	（3）价值工程对象的功能是什么 （4）价值工程对象的成本是什么 （5）价值工程对象的价值是什么
解决问题	创新阶段	方案创造 方案评价 提案编写	（6）有无其他方法可以实现同样功能 （7）新方案的成本是什么 （8）新方案能满足要求吗
	方案实施 与评价阶段	方案审批 方案实施 成果评价	（9）如何保证新方案的实施 （10）价值工程活动的效果如何

　　价值工程作为一种简单、有效而成熟的技术经济分析方法，在许多工程上已经得到了较好的应用。特别是在设计方案、施工方案上，可以通过价值工程优化设计及施工方案，在不影响功能和工程可靠性的前提下消除冗余功能，降低工程造价。价值工程的核心是对产品或工程进行功能的系统分析，进而进行方案创造等，研究和选择最优的工程方案。这些将在以后的工程经济专业课上进行深入地学习。

7

现代工程造价管理方法

7.1　现代工程造价管理综述

随着管理工程与科学学科的理论发展，以及计算机和信息技术、现代智能制造、共享经济等先进管理理念和生产经验的出现，国际上先进的项目管理技术不断在工程建设领域得到应用，也促进了工程建设的大型化、规模化、工业化、国际化和信息化。工程造价管理的理念、方法、技术与工具也呈现了新的发展趋势。

7.1.1　全寿命周期造价管理

1974 年，A.Goron 在英国皇家特许测量师学会（Royal Institution of Chartered Surveyor）所主办的《建筑与工料测量》上发表了"3L 概念的经济学"，首次提出了"全寿命周期造价（成本）管理（Life Cycle Costing Management）"的理念，即从建筑方案比较分析的角度，研究在建筑设计中全面考虑工程建造成本和运营维护成本的概念与思想。同时，英国皇家特许测量师学会（RICS）和特许建筑师协会（RIBA）还组织出版了《建筑全寿命周期造价管理指南》。这些代表性的文献创立了建设项目全寿命周期造价管理模式的概念、原理和方法。

此后，美国国家技术与标准协会在 135 号手册中 [The National Institute of Standards and Technology（NIST）Handbook 135] 中将全寿命周期造价（Life Cycle Cost，LCC）定义为：拥有、运营、维护以及拆除建筑物或建筑系统的全部贴现成本。全寿命周期造价管理是从项目策划、设计、建设、运营维护到拆除的全寿命周期角度，进行工程造价（成本）的分析、计划、控制，以达到全寿命周期成本最低的目标。

我国在造价工程师考试教材中也较早地借鉴了全寿命周期工程造价管理的理念，也是我国对建设项目开展可持续研究等的出发点。全寿命周期造价管理的内容将在本章 7.2 节进行部分阐述，也会在以后的《工程造价管理》课程中进行深入讲解。

7.1.2　全面工程造价管理

1967 年，美国在军事和重大工程领域，从系统工程的理论出发，开始探索"项目造价与工期控制系统的规范（Cost/Schedule Control System Criterion，C/SCSC）"，后经反复修订成为现在最新的项目挣值管理（Earned Value Management，EVM）的技术方法，完善了进度和费用控制理论。这种造价与工期集中管理的理论和方法，成为后来全面造价管理模式的主要起源之一。

随后，人们从不同的角度去认识工程造价管理的客观规律，进入了以工程造价的过程管理、集成管理和风险管理等为重点的现代工程造价管理的阶段，美国工程造价管理界提出了"全面工程造价管理"模式的理论和方法。"全面工程造价管理"模式是指在整个工程造价管理过程中，通过已获验证的方法和最新的技术去计划和控制全寿命周期耗费的资源、造价（成本）、盈利和风险。

全面工程造价管理模式强调工程造价管理要考虑建造和运营维护两种成本，要基于活动的管理方法对工程造价进行全过程管理，要求项目利益相关方参与项目造价管理，另外，它还关注质量、工期、安全等全要素对工程造价管理的影响。它涵盖了工程管理的全参与方、全要素和全寿命周期。

2010 年，中国建设工程造价管理协会委托北京交通大学刘伊生教授开展了"建设工程全面造价管理"课题研究。全面工程造价管理（包括全过程、全要素、全参与方的工程造价管理）的理论与应用将在本章的 7.2 节进行阐述。

7.1.3 标杆管理

标杆管理（Bench Marking）又称基准管理或对标管理，它于 20 世纪 70 年代末由美国施乐公司创造，后经美国生产力和质量中心系统化和规范化，定义为：标杆管理是一个系统的、持续性的评估过程，通过不断地将企业流程与世界上居于领先地位的企业相比较，以获得帮助企业改善经营绩效的信息。

标杆管理要经历立标、对标、达标、创标四个环节，前后衔接，形成持续改进、围绕"创建规则"和"标准本身"的不断超越、螺旋上升的良性循环。立标是选择业内外最佳的实践方法，以此作为基准和学习对象，塑造最佳学习样板，该样板可以是某个先进管理模式、某个优秀项目、某个标杆企业，甚至是某个先进个人；对标就是对照标杆进行分析，发现差距，提出改进方法，探索达到或超越标杆水平的方法与途径；达标即改进落实，在实践中达到标杆水平或实现改进成效；创标即通过创新和总结，形成超越所立标杆对象的更先进的实践方法，成为新标杆。

标杆管理方法较好地体现了现代知识管理中追求竞争优势的本质特性，具有巨大的实效性和广泛的适用性。目前，标杆管理在市场营销、成本管理、创新研发、项目管理等各个方面得到了广泛的应用。

在工程建设领域可以对标为企业层面的企业管理，更重要的是要对标项目层面上的工程造价管理，以及工程设计、工程项目管理等。如，A 公司拟建某生产线，要对标国外 B 公司的先进生产线，就是要对标 B 公司的设计理念、建设标准等。再如，要在某地块建立一个新地标，就是要建立一个新标杆，这个标杆不仅应停留在建筑物高度和规模上，更应该把现代建筑的设计、精益建造、绿色和可持续发展理念和经验用在项目上。同时，运用标杆管理，既可以是整个建设项目的对标，也要考虑到是某一单位工程、分部工程的对标。

标杆管理目前在国内工程造价管理领域还没有引起重视，前文在工程计价方法方面已经有所论述，特别强调在决策和设计阶段应主要采用标杆管理法（或类似工程指标法、类似工程修正法）。在数字信息技术的推动下，BIM、大数据和人工智能技术会越来越成熟，标杆管理法会得到更广泛地应用。

7.1.4　工程项目的集成管理

集成管理（Integration Management）的本质是系统工程的管理思想，是指把建设工程项目全寿命周期的决策期、实施期和使用期视为一个系统，从项目的整体利益出发进行管理。它对现代大型、复杂、系列、相互关联的工程项目，进行系统性、全局性和综合性的计划与控制具有显著效果。集成管理突出了一体化的整合思想，管理对象的重点由传统的人、财、物等资源管理，转变为以科学技术、信息、人才等为主的智力资源管理。提高企业的知识含量，激发知识的潜在效力，成为集成管理的主要任务。

集成管理是一种全新的管理理念及方法，其核心就是强调运用集成的思想和理念指导企业的管理行为。美国项目管理学会（PMI）在19世纪70年代末率先提出了项目管理的知识体系（Project Management Body of Knowledge，PMBOK），其在PMBOK Guide 2004版中提出，项目集成管理知识领域包括：在项目全过程中的识别、界定、合成、统一、协调项目管理的各种过程与工作。集成管理的主要内容包括：组织集成、过程集成、要素集成和信息集成。

组织集成。组织集成是集成管理的重要基础。组织集成即项目业主、设计单位、承包商、咨询单位、运营方以及政府主管部门等工程建设的参与方和利益相关方应建立集成化的组织系统，建立工作流程和责任体系，使具有各自利益的各参与方最大限度地服务于项目目标。要在合同体系上促进工程建设项目各参与方利益一体化，明确各自的任务、职责、配合、互利措施等，使负责项目全寿命周期中某一阶段或某一项工作的各方有机会、有动力参与其他方的工作，促进相关各方的交流和合作，就必须实现各参与方的一体化。集成管理特别适合多项目或复杂项目的管理集成，集成管理要确保企业和项目信息的快速流动，客户要求、各方面的变动信息会迅速被传达和反馈，各参与方及时实现信息更新，形成高效的信息交互和反馈机制，现代化的数字技术、共享经济和平台也将助力项目的组织集成。

过程集成。过程集成是指从规划、决策、设计、交易、实施、运营等全寿命周期的建设项目全过程角度出发，实现建设工程项目全寿命周期各阶段管理的一体化。传统建设管理模式中，决策、设计、交易、施工和运维五个阶段在工作目标、工作内容、工作重点、工作深度等方面不尽相同，使项目管理的整体目标发生离散、甚至脱节。如，某个咨询企业服务于工程量清单后招标控制价的编制，其工作内容或许不是建设项目的全部工作内容，如果孤立地让其进行这部分工作，有可能其并不关心投资估算和设计概算的控制目标，也可能不太关心、关注下一步工程进度款的拨付和工程结算是否会出现难以控制等问题。这就要求从全寿命周期的过程管理角度，打破阶段界面，通过有效的信息传递，既要实现五个阶段工作的各自侧重，也要将各阶段的管理目标有机地结合起来，建立全过程一体化系统管理框架。

要素集成。要素集成是指将建设项目成本、工期、质量、范围、环境等各工程项目管理要素进行综合性、整体性、最优价值性的计划与控制，实现工程项目管理要素的管理目标和管理内容一体化。项目管理内容包括：组织管理、合同管理、工期管理、成本管理、质量管理、环境管理、风险管理、信息和档案管理等。这些内容之间既是相互联系、也是相互制约的。如工期、质量与成本的关系，过于压缩工期会造成质量隐患，也会使成本上升；过于延长工期会造成管理费上升，也是不利的。这就需要综合各因素，寻求最优的方案，在总的目标要求下，综合考虑最优价值。在这些目标和管理内容发生冲突时，就要平衡最主要的项目管理目标，牺牲和降低其他方面的目标达成度。如某亚运会工程，因开工时间较晚，必须在某时间交付，这就要在工程进度上采取赶工措施，但必须满足主要功能的质量要求，可以使用临时性的措施先满足使用功能要求，待亚运会后再进行永久性改造，同时，要增加相应的施工措施费用以及夜间施工的赶工费、交叉作业的降效费用。

信息集成。信息集成是指要建立工程项目管理信息集成系统，用现代信息技术来建立信息共享机制，实现工程项目组织之间各阶段的信息共享。首先要建立以知识和信息为基础的工程项目的信息管理平台或可交互子系统，促进项目有关信息的共享，培养项目组成员间构建信息的共享环境，并自动积累各自应交付的成果信息，提高项目各参与方的信息获取效率与便利性，以便项目信息积累，逐渐成为自成长的知识资源。在集成管理的方法与手段上，一是要采用计算机技术、互联网通信技术、云存储技术，实现高效协同；二是要采用自动化的数据分析和处理技术，实现数据共享和资源化，发挥好集成管理效益；三是要利用人工智能、智慧工地、电子商务等，获取现场的真实数据；四是要使用系统化管理软件，实现项目工具软件、数据信息与系统管理的高度契合，实现工程项目的集成管理。

7.1.5 知识管理与信息管理

知识管理（Knowledge Management）是对知识、知识创造过程和知识的应用进行规划和管理的活动。它是知识经济时代涌现出来的一种最新管理思想与方法，是融合了现代信息技术、知识经济理论、企业管理思想的现代管理理念。知识管理要遵循的原则是：知识积累，知识积累是实施知识管理的基础；知识共享，指让知识和信息在一个组织体系内公开，让组织内的使用者能接触和使用拥有的知识和信息；知识交流，在组织内外建立一个有利于交流、交换的组织结构和文化氛围。

信息管理（Information Management）是在整个管理过程中，人们收集、加工和输入、输出信息的总称，是人类综合采用技术的、经济的、政策的、法律的和人文的方法与手段，以便对信息流进行控制，提高信息利用效率，最大限度地实现信息效用价值的一种活动。信息管理是人类为了有效地开发和利用信息资源，以现代信息技术为手段，对信息资源进行计划、组织、领导和控制的社会活动。信息管理的过程包括信息收集、信息传输、信息加工和信息储存。信息管理要依靠信息技术，并以信息资源及信息活动为研究对象。信息技术是关于信息的产生、发送、传输、接收、变换、识别和控制等应用技术的总称，它架起了信息科学和生产实践应用之间的桥梁。

21世纪，人类已经进入到以"信息化""网络化""数字化"为主要特征的经济发展时期。信息（知识）已成为支撑社会经济发展的继物质和能源之后的新资源，并且改变着社会各种资源的配置方式，改变着人们的价值观念及生产与生活方式。随着互联网、云计算、大数据、人工智能、区块链为代表的现代信息技术的高速发展和应用，众多企业的组织模式、经营模式和工作方式，都面临着平台经济、共享经济、数字经济的变革。

当今的数字信息时代，在工程造价管理方面，需要建立一个功能齐全和高效率的信息管理系统以及基于互联网和数字化的业务工作平台，该平台应集成工程造价咨询的企业管理系统、工程造价的项目管理系统，挂载工程计量与计价的各类工具软件，并含有工程造价管理标准与作业指南、各类工作模板、典型工程数据库（标杆项目）、工程计价定额、人材机要素价格信息等数字化信息（知识）。通过数字化的工作平台，实现与业主、设计、施工企业的业务交互，解决"管理＋业务＋商务"间信息运用不充分、交互不便捷的问题，给工程造价咨询企业和造价工程师进行管理赋能、技术赋能、数据赋能和购销赋能。用平台实现管理、技术的标准化，数据的资源化，将工程造价管理在数字化信息时代推向新高度。

7.2   全面工程造价管理

我国实施工程量清单计价制度以后，特别是2010年全过程工程造价咨询在我国得到普遍认同后，我们也深感我国工程造价管理的理论仍明显不足，于是，中国建设工程造价管理协会在2010年委托北京交通大学刘伊生教授开展了"建设工程全面造价管理"的课题研究。课题从建设工程全面造价管理模式、制度、组织建设、队伍建设等方面开展了研究，课题提出了建设工程全面造价管理是我国建设工程造价管理的发展趋势。课题成果主要有：

（1）提出了工程全面造价管理的内涵

工程全面造价管理的主体包括参与项目建设管理的各方，管理过程跨度工程项目建设的全过程，管理的客体是工程项目的全寿命周期成本，管理的要素涉及对工程造价产生影响的各个要素。所以，工程全面造价管理是一个综合性概念，其内涵包括全寿命期造价管理、全过程造价管理、全要素造价管理和全方位造价管理四个方面。

（2）明确了工程全面造价管理体系

建设工程全面造价管理体系融合了建设工程全寿命期、全过程、全要素、全方位造价管理的内涵。全面造价管理体系构成，如图7-1所示。

工程全寿命期、全过程、全方位、全要素造价管理在全面造价管理中的地位和相互关系是全面造价管理体系的主要体现。简而言之，全面造价管理体系可以表述为：

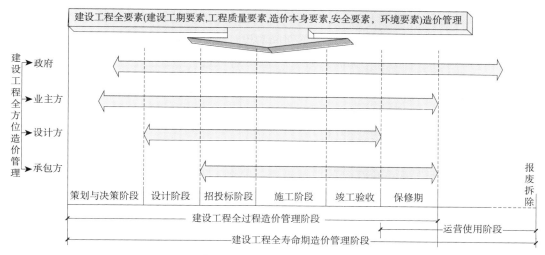

图 7-1　工程全面造价管理体系

建设工程造价管理的各方，在工程建设的各个阶段，对影响工程造价的各个要素所进行的管理，以降低工程全寿命周期成本，提高投资效果，实现全社会效益最大化。

（3）阐释了工程全面造价管理的内容

课题在进行全面造价管理体系研究、形成机理和约束机制等方面研究的基础上，进一步从全方位、全过程、全要素、全寿命周期四个方面，分析了各自的具体工作内容和管理方法。

7.2.1　全方位工程造价管理

建设项目的主要参与者有政府建设主管部门、业主方、承包方、设计方、咨询方等。他们在项目中都有各自的利益，是不同的利益主体，且利益相互矛盾，使得工程造价管理过程存在着不同利益主体间的利益冲突和沟通障碍等许多问题。为了使不同利益主体能够形成一个统一的整体去开展工程建设的全面造价管理，就必须建立一套各方利益主体对工程造价的协同工作机理——全方位工程造价管理。

1. 全方位形成了全面工程造价管理的主体

由政府、业主方、承包方、设计方、咨询方等各方的造价管理构成的全方位造价管理，利用组织之间相互制约、相互促进的关系，信息传递模式以及各种合同关系，使参与工程建设的各方在全面造价管理体系中发挥功效，成为具有主观能动性的造价管理主体，是建设工程全面造价管理工作的根本保障。

2. 全方位在全面工程造价管理体系的关系

政府、业主方、承包方、设计方、咨询方作为建设工程造价管理的主体，在全面工程造价管理体系中，政府工程造价管理部门处于工程造价最高监督者的地位，对业主方、设计方、承包方、咨询方造价管理活动进行监督管理。同时，业主方作为项目的拥有者和委托方，对项目的设计方、承包方采用限额设计及合同管理等方式进行造价管理。设计方的施工图预算以及施工期间的设计变更等对承包方的造价管理也起到了约束和影响作用。咨询方作为业主的工程顾问，可以进行综合或专项业务的咨询服务，通过合同关系确立起顾问的内容、权利、义务与责任等，其服务质量受合同约束，也受业主的监管。

全方位造价管理中，由于参建各方关注点的不同，对工程造价管理的侧重点也就有所不同。在各方利益主体中，政府主要进行宏观调控，并为项目的各利益主体提供信息服务，通过对工程造价活动的监督检查，约束工程造价管理各方的价格行为，维护市场价格秩序。业主方作为项目的投资者，总是希望在获得满意服务、实现既定目标的前提下，尽量降低造价。而其他成员都是各种不同服务的提供者，是通过服务来获取收益的一方，他们希望以较高的价格去获得合同。业主方与服务提供方——承包方、设计方的利益是矛盾的。从表面上看，如果一方受到损失，另一方就会获得收益，即一方的利益获得是以另一方的损失为前提的，但实际上，最终的结果通常会牺牲双方的利益。如果建设项目各方在共同合作的基础上，进行全面的造价管理信息沟通，就可以大大降低工程造价，从而使各方都获得收益。

3. 全方位工程造价管理的组织和程序

项目各方都是围绕一个共同的造价目标开展工作，而指导他们开展工作要基于一系列文件，包括作为总纲领的《全方位造价管理协议书》，首次全方位造价管理工作会议上所制定的《全方位造价管理目标说明书》《全方位造价管理沟通方式与程序说明书》《全方位造价管理问题与冲突解决方法与程序说明书》，以及每一次定期协调会议上形成的会议纪要等。有了这些文件作为开展工作的依据后，造价管理各方还应做好日常的沟通交流工作，这样才能更好地开展全方位造价管理工作。要做好这种日常的交流工作，可以是各方进行每日的沟通，或者是设计一种问询记录单，把项目各方所关心的涉及造价的主要问题按重要程度列出来，并标上问题答复的要求期限，再发放给相关各方。收到造价询问单的各方，应由其主要负责人进行回答，并签署答复人的姓名和答复时间，反馈给问询单发出方。造价管理的日常工作是开展全方位造价管理的基础，只有认真做好它，才能实现全方位造价管理的目标。全方位造价管理工作的程序，如图7-2所示。

全方位工程造价管理有利于建立工程建设各方的信任，增加各自的信誉。在全方位造价管理活动结束后，合作促进人还应召集各方造价管理的代表举行一个总结会议，通过与传统的合同管理方法的对比，来总结全方位造价管理的经验和不足。与传统的造价管理方式相比，全方位造价管理的方法既可以保持分工的效率，又可以获得合作的好处。根据大量的统计数据分析得出，采用全方位造价管理方法的工程项目，其工程变更、项目争议与工程索赔费用只是传统合同管理方式的20%~54%，客户对工程质量的满意程度比传统方式提高26%，合作伙伴成员的工作关系得到明显改善，并有利于下一个项目的高效合作。

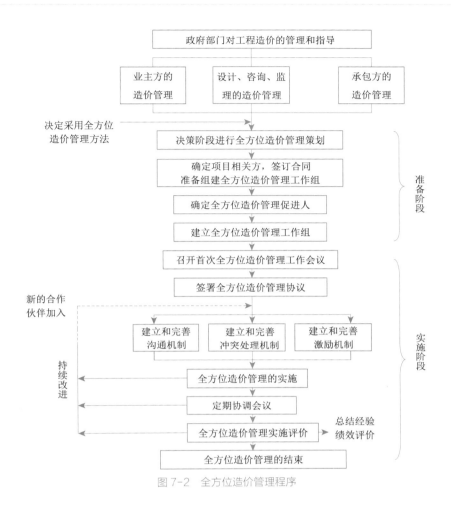

图 7-2 全方位造价管理程序

7.2.2 全过程工程造价管理

1. 全过程工程造价管理的核心理念

2017 年，中国建设工程造价管理协会发布了《建设项目全过程造价咨询规程》CECA/GC 4—2017，目的是在我国全面推广全过程工程造价咨询业务。该规程提出了建设项目全过程工程造价管理的核心理念（图 7-3），即：建设项目全过程工程造价管理咨询的任务是依据国家有关法律、法规和行政主管部门的有关规定，通过对建设项目各阶段的工程计价，实施以工程造价管理为核心的全面项目管理。要以工程造价相关的合同管理为前提，以事前控制为重点，以准确的工程计量计价为基础，并通过优化设计、风险控制等手段，实现对整个建设项目工程造价的有效控制，缩小投资偏差，控制投资风险，协助建设单位进行建设投资的合理筹措与投入，确保工程造价管理的整体目标。此后，全过程工程造价咨询取得了较好的效果，中国工程造价咨询业也得到了长足的发展。

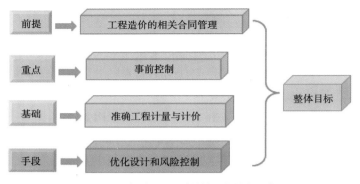

图 7-3　全过程工程造价管理的核心理念

　　因建设项目各阶段工程管理的目的不同，建设项目在不同的阶段有不同的工作内容和工作重点。工程计价是一个不断深化的过程，随着工程设计从方案到具体，工程建设从抽象到实体，工程计价也是从工程估价到工程结算核定的过程：在工程交易前是工程估价；工程交易阶段则进行工程价格博弈；工程的竣工结算是依据合同对工程造价的最终核定。因此，要围绕各阶段工程造价的确定与控制要点准确把握工作内容。只有实施全过程工程造价管理，才能够实现工程建设各阶段工程设计成果与工程计价成果的有效衔接，做好各阶段工程造价的有效控制，使工程概算不超过投资估算，工程预算、合同价以及竣工结算不超过工程概算，体现工程造价管理的有效性。建设工程各阶段与全过程工程造价管理的关系见图 7-4。

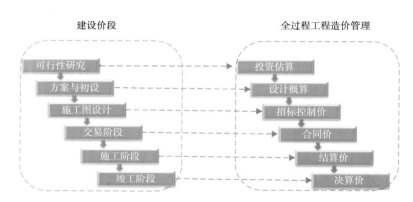

图 7-4　建设阶段与全过程工程造价管理的关系

2. 决策阶段的工程造价管理

　　工程投资决策阶段是选择与确定建设项目方案的过程，是对拟建项目的必要性和可行性作出技术经济论证的过程，是对不同建设方案进行技术经济比较及作出判断和决定的过程。据有关资料统计，在项目建设的各个阶段中，投资决策阶段所花费的费用很小，一般仅为工程造价的 1%~2%，但是影响工程造价的程度最高，可达80%~90%，如图 7-5 所示。投资决策的正确与否，直接关系到工程建设的成败，关系到最终工程造价的高低，对投资效果起着决定性的作用，因此加强建设项目投资决策阶段的工程造价管理意义十分重大。

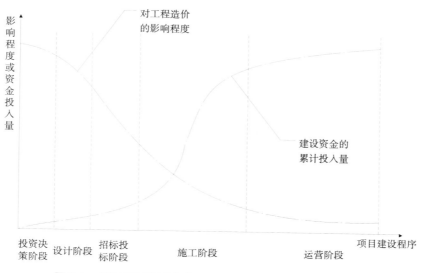

图 7-5 工程建设各阶段资金累计投入量及对工程造价的影响程度

决策阶段工程造价管理的前提是要明确业主的功能需求，这种功能需求，有刚性需求，如建筑面积、设计产量、产品标准；有半刚性需求，如建筑装饰、材料选择；有柔性需求，如建筑造型、视觉感官等。要在满足功能需求的基础上，确定建设规模、建设标准、建设总投资，测算预期效益。决策阶段的工程造价管理流程见图 7-6。

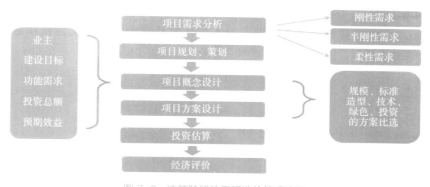

图 7-6 决策阶段的工程造价管理流程

编制好投资估算，确定工程造价控制目标，准确确定建设标准和技术方案，是实施全过程工程造价管理的前提。决策阶段，业主、勘察、设计、咨询等团队，要对各专业的技术方案和选材用料进行详细论证，确保后期工程设计不发生颠覆性调整，提升工程计价的准确性和工程造价管理的有效性。

3. 设计阶段的工程造价管理

建设工程的设计要根据项目可行性研究报告、设计任务书以及与业主方签订的设计合同的要求，按照国家政策和法规，吸收国内外的科学技术成果和生产实践经验，选择最优建设方案，为工程项目提供建设所依据的设计文件和图纸。设计阶段的工程造价管理，要求各参与方按照建设工程的使用功能、工程规模、工程建设地点的自然地理和社会政治条件，以及原材料供应、技术经济条件等客观情况，综合考虑建设工程寿命周期中影响工程造价的全部要素，进行工程设计，并且控制其工程概算不超过决策阶段所确定的投资估算。

设计阶段，业主主要是进一步明确可行性研究所提出的需求，如功能、规模、质量等，并明确工期、资金的使用计划等，然后在咨询单位的配合下，进一步落实和完善设计任务要求，确定设计方案并选择设计单位，签订设计合同。在设计合同的履行过程中，要配合设计单位的工作，明确设计任务，做好工程勘察等，并对设计活动进行监督审查。设计单位的工作是将业主的意图进行落实，包括设计准备、方案设计、初步设计、施工图设计以及在该过程中的成本控制。在整个设计阶段，政府对各方的各项工作进行监督管理，并根据出现的问题制定相应的规章制度来规范设计活动。为了做好设计阶段的工程造价管理，必须严格加强程序管理，设计阶段造价管理的工作流程主要包括总投资目标分析论证流程、设计方案竞赛流程、设计招标流程、限额设计分析流程等。设计阶段工程造价管理要求参与各方在设计准备阶段、方案设计阶段、扩初设计阶段和施工图设计阶段相互配合，共同完成，并遵循图7-7所示的设计阶段工程造价管理流程。

设计阶段对于整个建设工程的造价也产生巨大的影响。例如，初步设计基本上决定了工程建设的规模、产品方案、结构形式和建筑标准及使用功能，形成了工程概算，确定了工程造价的最高限额。设计质量、深度是否达到国家标准，功能是否满足使用要求，不仅关系到建设工程一次性投资的多少，而且影响到建成交付使用后经济效益

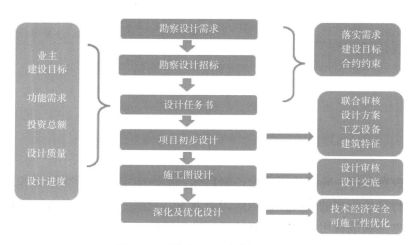

图 7-7   设计阶段工程造价管理流程图

的良好发挥，如产品成本、经营费、日常维修费、使用年限内的大修费和部分更新费用的高低，还关系到国家有限资源的合理利用和国家财产以及人民群众生命财产安全等重大问题。

设计阶段的造价管理是建设工程造价管理的决定性环节，设计质量直接关系着工程质量、使用效果以及投资效益。同时，工程造价管理要发挥好设计管理的作用，要对设计起到重要的制约作用，要认真选择设计单位，明确设计任务书和投资限额，收集整理勘察设计有关基础资料，审核设计文件和工程概算，并把工程概算作为重要控制指标，进行动态管理，为提高投资效益奠定基础。

4. 招投标阶段的工程造价管理

工程招投标阶段的工作就是招标人和投标人在尽可能实现自身最大利益的基础上，确定一个合理的报价，并最终签订合同，予以法律上的确认。通过招标竞争选择承包商，可以使工程价格日趋合理，这将有利于节约投资、提高投资效益，还能够不断降低社会平均劳动消耗水平，从而使工程造价得到有效控制。

招标是实现合同管理的手段，其目的是选择好合适的单位来进行工程建设。在工程建设过程中，因各参与方的专业能力不同，应让最有能力实施该工作且最能够识别和管理风险的单位来肩负更大的责任，同时也获取相应的收益。图7-8是某工程的工程建设参与各方对风险的识别与能力，0~4依次表示承担风险的能力，0表示不能承担风险；1表示较难承担风险；2表示可以承担部分风险；3表示可以承担较大风险；4表示最能承担风险。该图仅是一个0-4评分法的示意，不同工程、不同的参与单位也会有所不同。因此，在招标、合同授予时，要充分体现各参与方的责任，用合同做好工程组织、任务分解和风险的合理分担。

招标人和受其委托的咨询人应该根据工程项目的特点，选择合适的招标方式，以期获得最理想的工程交易价格，并促进信誉、业绩和履约能力较强的承包商中标，为履约提供保证，确保工程建设的顺利实施。为了做好招标工作，应做好工程招标阶段的工程造价管理。工程招投标阶段造价管理的主要内容包括：

风险因素	业主	咨询	设计	监理	施工	备注
质量	2	1	3	4	4	可控
工期	3	2	2	3	4	可控
安全	1	1	1	3	4	部分可控
成本	3	4	3	1	2	可控
环境	1	1	1	1	4	部分可控
需求	4	4	4	0	1	可控
设计	2	3	4	1	1	可控
合约	2	4	0	3	2	可控
通胀	2	2	0	0	1	部分可控
不可抗力	1	2	0	0	1	不可控

图7-8　工程建设各方对各类风险的控制能力

（1）工程交易的合法性与总体策划。包括：工程招标的前提条件是否具备；标段的划分是否合理，各标段是否有效衔接；招投标程序是否合法、合规、有效、体现竞争性；招标人能否达到招标文件要求的邀约邀请条件、合同签订条件，招标人为承包人提供的条件是否具备。

（2）认真编制招标文件和工程量清单。包括：招标文件内容是否全面，范围是否明确；招标文件的组成是否全面，范围是否清晰；其他条款是否符合工程所在地或行业的有关规定，如工期、投标人投标截止时间、投标人资质、评标办法、施工合同专用条款等；合同类别是否合理，条款是否清晰；对于招标文件中合同形式、有关工程造价管理条款要重点审核，对于人工、材料、机械调价的种类、幅度、风险范围，以及工程结算调整的因素、工程变更、索赔条款要重点关注，对于合同范围以外以及无综合单价的工程结算方式等条款应进行合理安排；应区分国有和非国有投资项目，编制工程量清单，对于国有投资项目应按照《建设工程工程量清单计价规范》和相应的工程量计算规则的规定进行编制，要求做到工程量计算准确，项目特征描述全面，以防止不平衡报价。

（3）做好招标控制价的编制工作。要严格按照工程量清单项目的项目特征和工程数量进行组价，对人、材、机价格要按照《建设工程工程量清单计价规范》的规定计入，认真执行当地建设工程造价管理机构颁发的计价依据。对于暂估价材料、设备按市场价进行合理的计入，严格执行招标文件中规定的投标报价、招标答疑等编制招标控制价。

（4）做好投标报价的清标工作。建设单位应在开标后、评标前进行清标，审核各投标人是否真正响应招标文件，对投标报价的合理性进行审核，对严重的不平衡报价、错报、漏报、计算错误、围标等现象及所发现的其他严重问题，以书面形式提交评标委员会质疑，防止合同签订后产生工程纠纷。

（5）合法、合规地签订工程施工合同。依据评标结果，在澄清有关问题的基础上，发出中标通知书，与承包人依法签订工程施工合同，用合同做好工程风险的合理分担，确保施工合同的签订合规、真实、有效，合同有关工程造价管理的条款清晰，合同能够顺利履行。

5. 施工阶段的工程造价管理

施工阶段是资金投入量最大的阶段，由于施工组织设计、工程变更、工程索赔、工程计量方式的差别以及具体实施中出现不可预见情况（如预期价格上涨）等影响因素，造成工程实施阶段工程造价管理难度大，比较复杂，容易产生各种利益纠纷，因此，施工阶段也是工程造价管理人员投入最多的阶段。加强对工程实施阶段的工程造价管理，处理好影响工程造价的各个环节，对降低工程造价、实现工程管理目标有着非常重要的意义。

建设单位及其委托的工程咨询企业要按照项目管理规律进行施工阶段的工程项目管理，确保项目的成功。如图7-9所示，要重点做好：

（1）组织管理。考虑各组织机构、人员配备与全过程工程造价管理相适应，确保管理清晰、沟通顺畅、专业、协调。

（2）合同管理。把合同管理作为工程造价控制的最有效措施，依法招标，合理确定合同价和调整条款，确保合同合法签订、依法变更、有效履行。

（3）造价管理。做好工程预付款管理，做好工程计量支付，做好暂估价设备材料的认价与费用控制，积极处理工程变更与工程索赔，做好工程价款的调整。

（4）进度管理。工程进度与工程造价密切相关，要做好设计的进度管理以及建设单位供应设备材料的计划管理，确保不影响施工；要积极处理进度偏差，做好因工期引发的工期索赔和费用索赔。

（5）风险管理。认真识别和控制各种因素可能引发的风险，并通过进行合理分担、积极处理各类事件引发的费用偏差，做好风险事件处理的相关费用控制。

（6）信息管理。用信息化的技术手段，做好项目的信息和档案管理，用信息化的技术促进信息的传递、交互、共享以及项目的集成管理。

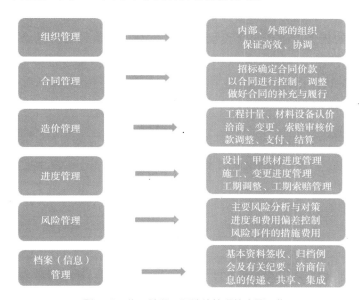

图 7-9　施工阶段工程造价管理的主要工作

施工阶段的工作主体是施工企业，施工企业为了实现企业自身利益最大化，也必须采取有效措施，降低成本，做好施工成本管理。施工项目成本控制应贯穿于施工项目从开始到竣工验收的全过程，它是企业全面成本管理的重要环节，因此，必须明确各级管理组织和各级人员的责任和权限，做到责、权、利相结合，打好成本控制的基础。施工成本控制可按事先控制、事中控制（过程控制）和事后控制分别进行。其中，事中控制最为重要。事前控制要进行周密的施工成本计划，在施工组织计划中依据企业施工定额做好工料计划。事中控制是对成本控制活动的约束，各方责任人要按计划施工，并进行施工成本控制，当出现偏差时，及时分析原因，采取纠正和预防措施，对合同外工作要及时提出工程签证和索赔要求。事后控制即在工程结束后，对工程进行全面的竣工结算，按合同要求合理调整工程价款，以获得最大的收益。

6.竣工阶段的工程造价管理

建设单位及其委托的工程咨询企业，在建设项目竣工阶段的工程造价管理工作主要包括：配合项目验收、审核工程竣工结算、编制工程决算文件、进行工程审计以及进行建设项目绩效评价等。

竣工阶段工程造价管理的关键工作是竣工结算审核。实施全过程工程造价管理的项目，一般均形成了工程交易阶段、施工阶段的各项工程造价阶段性的成果，审查工程竣工结算时，应充分应用上述成果，按发包、承包双方合同的要求，对其约定需进一步调整的、影响工程造价的因素进行完整、准确的调整，形成最终工程造价，出具最终成果文件，撰写工程竣工结算审核报告。工程竣工结算审核可遵循图7-10的工作流程。

工程结算审核时重点关注：一是送审工程是否在工程竣工验收合格后进行竣工结算，防止对不合格工程进行竣工结算；二是工程结算是否依据中标价和承包合同规定的工程造价调整的相关条款进行了全面调整；三是工程设计变更和洽商是否全面，尤其要核对设计变更重复和减项、替代工程量，防止漏报工程减少部分；四是暂估价设备、材料价格是否按签认价格计入；五是未施项目是否进行了相应扣减等。

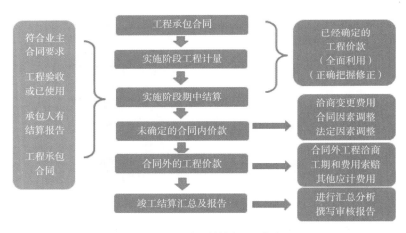

图 7-10　工程竣工结算主要工作流程

工程竣工阶段，特别是国有投资项目，一般要进行工程审计，工程审计是工程建设监督方对实施工程结果的监督管理。其工作重点，一是工程基本建设程序的合法性和合规性，制度建设及执行情况；二是工程建设立项的合法性，资金来源的合法性、合规性；三是工程招标和合同授予的合法性、合规性、合理性；四是工程合同价款确定与调整的合法性、合规性、合理性、真实性、正确性，工程价款支付的规范性、准确性；五是工程基本建设管理（变更、洽商、签价、现场管理）的科学性、规范性、合理性；六是工程建设目标的达成度，项目投资的绩效评价；七是工程审计主管部门重点关注的其他问题。

工程竣工决算的内容主要包括基本建设项目竣工财务决算报表、竣工财务决算说明书。基本建设项目竣工财务决算报表主要包括：基本建设项目概况表；基本建设项目竣工财务决算表；基本建设项目交付使用资产总表；基本建设项目交付使用资产明细表。竣工决算报告还要对项目建设概况加以说明，并进行工程竣工决算与工程概算的差异及其原因的分析。

工程竣工后，建设单位或投资主管部门，可依据需要进行工程项目后评价或绩效评价。对运营性项目，可对项目的实际运营效果与项目决策时的预期效果进行对比分析，评价决策和运营情况；对非运营性项目，可进行项目投资效果的绩效评价。

7.2.3 全要素工程造价管理

1. 全要素工程造价管理的基本理念

造价工程师的工作职能不只是工程计价，更重要的是做好工程造价管理，要关注工程建造成本，也要关注工期、质量、安全、环境和技术进步对工程造价的影响。实施以工程造价管理为核心的多目标、多要素的全面项目管理，要高度关注工程建设其他要素对工程造价的影响。建设项目的工程造价不是一个固定值，有诸多影响因素，要以建设工程项目全寿命期理论为基础，特别关注各管理要素对工程造价的影响，协同各管理主体，进行项目的集成管理。造价工程师不仅要进行工程计价的具体工作，进行被动的工程造价管理，更要建议一个合理的建设方案，并通过主动控制，保证建设项目的成功，减少失误，确定一个合理的工程造价。

影响工程造价的要素主要包括工程成本、建设工期、工程质量、安全和环境等，这些要素之间存在着对立和统一的关系。例如，工程建设投入的资金越多，相应的工期、质量、安全和环境方面就越有保障。相反，如果工期紧迫，往往要求投入更多的人力和物力保证工程及时完成，不仅提高了工程造价，而且赶工也可能给工程质量和安全带来不利的影响。再如，对工程的安全和环境要求越高，就需要越多的投入，也会相应提高造价。又如，加快进度、缩短工期虽然会提高造价，但是可以使整个建设工程提前投入使用，从而发挥投资效益，还能在一定程度上减少利息支出，如果提早发挥的投资效益能超过因加快进度所增加的投资额，则加快进度从经济角度来说就是可行的。这就表明，造价、工期、质量以及安全和环境几大目标之间存在着对立统一的关系。在工程造价管理工作中，不能割裂开来，只对一个或者几个要素进行单独分析，而要将它们作为一个整体来考虑，不以它们同时达到"最优"为目标，而是在诸多要素之间找到一个合理的"平衡点"，以达到工程造价最低。

2. 工期对工程造价的影响

工期管理的目标是正确处理工期与工程造价的关系，使工期成本和其他各要素成本的总和达到最低值。工期与工程造价的其他几个要素之间是相互影响和相互作用的，要保证工程以合理的工期完成，才能实现其他几个要素的最优。因此，对工期成本的管理与控制，并不是工期越短越好，也不是工期成本越小越好，而是通过对工期的合理调整以及全过程动态管理来控制。

建设工程项目的直接成本会随着工期的缩短而增加，间接成本会随着工期的缩短而减少。在考虑项目总成本时，还应考虑工期变化带来的其他损益，包括效益增量和资金的时间价值等。项目成本与工期的关系如图 7-11 所示。为了控制项目工期引起的成本增加，首先需要从多种进度计划方案中寻求项目总成本最低时的工期安排（T_0）。当建设工程压缩工期时，要进行必要的相关费用的投入，主要表现为措施性费用的投入；当建设工程拖延工期时，会引发管理费用的增加，此外还会带来价格上涨等风险因素。因施工单位的投标工期及合同工期可视为最合理工期（T_0），因此无论是赶工——压缩工期，还是延长工期，给予施工单位的补偿都是合理的。

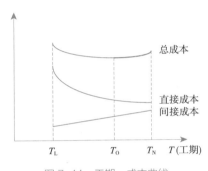

图 7-11　工期—成本曲线
T_L—最短工期；T_O—最优工期；T_N—正常工期

3. 质量对工程造价的影响

在工程项目建设及使用过程中，由于受系统性或偶然性因素的影响，使得建设工程项目质量很难百分之百地符合合同或规范规定的质量标准。为弥补因不合格项目引起的返工返修损失以及为减少损失而加强预防控制，便会产生项目质量成本。所谓项目质量成本，是指在建设工程项目的设计、施工和使用阶段，为达到规定的质量水平而支出的一切费用以及因未达到规定的质量水平而造成的损失费用之和。即：质量成本由控制成本、损失成本及特定情况下的外部质量成本组成。

（1）控制成本。包括预防成本和鉴定成本。预防成本是指为了防止项目质量缺陷和偏差的出现，保证项目质量达到质量标准所采取的各项预防措施而发生的费用，具体包括：质量规划费、工序控制费、新工艺鉴定费、质量培训费、质量信息费等。鉴定成本是指为了确保项目质量达到质量标准而对项目本身以及对材料、构配件、设备等进行质量鉴定所需的一切费用。具体包括：设计文件审查费，施工文件审查费，原材料、外购件试验、检验费，工序检验费，工程质量验收评审费等。

（2）损失成本。包括内部损失成本和外部损失成本。对施工承包单位而言，内部损失成本是指在施工生产过程中，因施工指挥决策失误、施工中违反操作规程、施工成品保护不善以及由于施工工具、机械保养不善引起工程质量缺陷而造成的损失，还包括为处理质量缺陷而发生的费用。具体包括：返工及返修损失、停工损失、事故处理费用等。外部损失成本是指工程交工后，项目在使用过程中出现工程质量缺陷而应由施工承包单位负责的一切费用总和，包括：保修费、损失索赔费等。

（3）外部质量保证成本。是指在合同环境下，承包单位根据业主提出的要求而提供客观证据的演示和证明所支付的费用。具体包括：为提供特殊的和附加的质量保证措施等支付的费用；产品的证实试验和评定的费用；为满足业主要求，进行质量管理体系认证所支付的费用等。

一般建设工程的质量事故和问题均是直接成本和控制成本投入不足，主要是直接成本投入不足，甚至是主观上的偷工减料、以次充好。

4. 安全对工程造价的影响

安全成本就是工程建设与安全有关的费用总和，即安全成本是为保证安全而支出的一切费用和因安全问题而产生的一切损失费用的总和。建设工程的安全成本产生于整个建设过程和建设工作的所有方面，与安全决策、安全管理与组织、安全设计、安全施工、安全保证措施等方面有关，它是建设工程产品生产的一种附加性成本，由以下几个方面构成：

（1）安全保证成本

安全保证成本是指为保证和提高安全生产水平而支出的费用，包括安全工程费用和安全预防费用两部分。安全工程费用是为了保证工程建设安全进行而投入的成本费用，其目的就是为实现一定的安全生产水平而提供基础条件。安全工程费用主要体现在：为保证工程安全实施而构筑的一些安全工程、设施设备；安全监测设备、仪表等；安全防护设施；设置安全管理的专门机构，配备相应的管理人员；安全管理和审核、通报的制度与管理费用等。安全预防费用是指运营安全工程的设施，进行安全管理和监督、安全培训和教育而支出的费用，其作用就是防止不安全因素的产生。安全预防费用主要体现在：安全保障体系和责任体系的设立；制定工程安全实施的安全技术措施和应急救援措施；安全技术措施的论证等。

（2）安全损失成本

安全损失成本是指建设工程因为安全出现问题影响生产，或因安全水平不能满足生产需要，而产生的经济损失，这种经济损失列入成本时，则为损失性成本。损失性成本包括企业内部损失和企业外部损失两部分费用。企业内部损失是指由于安全出现问题使企业内部引起的停工损失和安全事故本身造成的经济损失费用，它可能来自：停产损失费用、安全事故本身造成的损失费用；恢复生产费用；报废设备或工程等的处理费用；安全事故分析和处理分析费用等。企业外部损失是指因安全发生问题而造成的企业外部的损失费用，它可能来自：人员伤亡的医疗费、赔偿费；各类罚款；诉讼费等。

5. 环境对工程造价的影响

由于工程建设会对环境造成影响，建设工程应本着对环境负责的态度，按照可持续发展的原则，投入环境保护和环境影响的有关费用。建设工程环境成本是指在工程实施过程中所采取的或被要求采取的措施费用，以及为达到环境目标和实现环境要求而付出的一切成本的总和。具体来说，建设工程环境成本由以下几个方面构成：

（1）环境预防成本

环境预防成本是指工程实施前，为了避免或减少对环境的影响而采取的预防措施的费用。包括购买对环境污染小的原材料，对职工进行环境保护教育和宣传的经费等。

（2）环境保护成本

环境保护成本是指施工企业在施工活动中，为了减少生产活动对环境带来的影响而发生的环境费用。包括设备费、废物处理费、为减少对环境影响而进行的研究开发及计划设计成本，以及其他与环境有关的投资。

（3）环境管理成本

环境管理成本是指为了对工程所处环境进行管理而发生的各项管理费用。包括项目相关方为此进行的环境管理体系的建立、运行以及获得认证的成本。

（4）环境改善成本

环境改善成本是指为了改善对环境的影响而发生的费用。它包括自然保护、绿化、美化、景观保持等环境改善成本。

（5）环境损害成本

环境损害成本是指针对已经发生的对环境的损害而必须支付的成本。它包括土壤、自然破坏等的修复成本，应对环境损害的准备金，与环境保护有关的协议金、赔偿金、罚金、诉讼费等。

7.2.4 全寿命周期工程造价管理

工程项目的全寿命周期工程造价是指工程项目的初始建造成本、建成后使用和翻新成本及报废期拆除费大于回收残值部分之和。工程全寿命周期工程造价管理是指在工程建设中应以实现项目全寿命周期成本最小化为目标。全寿命周期造价管理理论(Life Cycle Costing，LCC) 主要是由英美的一些学者和实际工作者于 20 世纪 70 年代末和 80 年代初提出的。全寿命周期工程造价管理要求对一个项目建设期和运营期的所有成本进行全面的分析和管理，既是一种项目投资决策工具、一种分析和评价项目备选方案的方法，还是项目成本控制的一种指导思想和技术方法。它有助于人们在项目建设过程中统筹考虑项目全寿命周期成本并最终提升项目的价值。

下面，以澳大利亚悉尼歌剧院为例，阐释全寿命周期的工程造价管理理念。

悉尼歌剧院基本技术经济资料如下。

项目功能定位：世界著名的表演艺术中心、满足多种需要的文化中心、悉尼市的标志性建筑。

悉尼歌剧院（Sydney Opera House），位于悉尼市区北部，是悉尼市地标建筑物，由丹麦建筑师约恩·乌松（Jorn Utzon）设计。一座贝壳形屋顶，下方是结合剧院和厅室的水上综合建筑。歌剧院内部建筑结构则是仿效玛雅文化和阿兹特克神庙的形式。该建筑1959年3月开始动工，于1973年10月20日正式竣工交付使用，共耗时14年。建成后的悉尼歌剧院，是澳大利亚的地标建筑，也是20世纪最具特色的建筑之一，2007年被联合国教科文组织评为世界文化遗产。

建造悉尼歌剧院的计划始于20世纪40年代，1954年成功取得了新南威尔士州的支持，要求设计一个专门用于歌剧的剧院。1955年9月，发起了歌剧院的设计竞赛，共收到了来自32个国家的233件参赛作品。1957年1月，确定由丹麦建筑师约恩·乌松设计。

悉尼歌剧院总建筑面积：88258m²，包括2690座的大音乐厅，1547座的歌剧厅，500多人的剧场。此外，还设有排演厅、接待厅、展览厅、录音厅以及戏剧图书馆和各种附属用房共900多个房间，可容纳6000多人在其中活动。悉尼歌剧院整个建筑占地1.84hm²，长183m，宽118m，高67m。

设计及建设时间为1957～1973年。建设时间原计划为4年，实际为14年。建设投资原计划为350万英镑，实际为5000万英镑。投资效益为2年多回收完投入的建设成本，并成为澳大利亚旅游的著名景点，继续带来丰厚的收益。

从全过程工程造价管理和项目管理角度讲，无论是工程造价还是工期，该项目并不完美。但是，该项目建成后2年多就收回了投入的建设成本，而且其内部装饰几乎不加抹灰，保持混凝土预制构件的原色，大大减少了维护费用。从全寿命周期工程造价管理角度来看，悉尼歌剧院建设成本、运营成本的控制是非常成功的，成为政府投资工程建设和工程造价管理的典范。

7.3 数字化工程造价管理

7.3.1 数字建筑的基本理念

1. 建筑业需要通过数字化推动产业转型升级

随着全球进入老龄化社会，各个行业都出现了职工老龄化的现象，建筑行业尤为明显。数据显示，1985~2014年，美国建筑行业工人的平均年龄从34岁上涨到了43岁，近几年24岁以下的建筑工人占比更是不到一成。而在我国，这种情况更为严重。另外，世界范围内，安全一直是建筑领域不可回避的问题。如日本、澳大利亚等发达国家，建筑行业的安全事故也是所有行业中最高的，就连美国，近年来建筑行业每年的死亡人数同样高达800人以上。最后，也是最根本的问题，就是生产力水平的低下。根据对全球GDP占比达到96%的41个主要经济体的调研，制造业的生产力水平是高于所有行业的平均值的，而建筑业的这项指标却远低于所有行业平均值。

建筑业在行业形态方面与制造业最为相近，解决老龄化、安全、生产力水平问题就需要借鉴制造业的发展方向。目前，欧盟正在力推工业 4.0 在建筑业的落地，以数字孪生等核心技术为支撑，利用 BIM 技术真正实现建筑业的现代化。在欧洲的很多国家，建筑业的数字化进程推广速度远远超出了我们的想象，无论是英国、德国、意大利相对大一些的国家，还是爱尔兰、葡萄牙这样的小国，无一例外地将建筑业的现代化推向了行业战略高度，他们普遍认为将建筑业提升至工业 4.0 时代，将是当下这代建筑从业者的唯一机会。同样，作为建筑产业绝对大国的中国也需要顺应时代的潮流，拥抱行业的数字化转型，并且将其视为行业的重要发展战略。

2017 年，国务院办公厅发布了《国务院办公厅关于促进建筑业持续健康发展的意见》，这是建筑业改革发展的顶层设计，从深化建筑业简政放权改革、完善工程建设组织模式、加强工程质量安全管理、优化建筑市场环境、提高从业人员素质、推进建筑产业现代化、加快建筑业企业"走出去"等七个方面提出了 20 条措施，对促进建筑业持续健康发展具有重要意义，也对建筑业的转型升级提出了新的要求。

2. 数字建筑将成为产业转型升级的核心引擎

2018 年 1 月，广联达科技股份有限公司在广泛总结国际上 BIM 技术的发展趋势、借鉴英国建筑业 2025 发展要求，以及适应数字中国的发展战略，对标中国制造 2025 的发展理念，发布了中国首部《数字建筑白皮书》，提出了数字建筑的概念。该报告提出数字建筑是由 BIM、云计算、大数据、物联网、移动互联网、人工智能等数字技术引领，结合精益建造理论方法，集成人员、流程、数据、技术和业务系统，将实现建筑的全过程、全要素、全参与方的数字化、在线化、智能化，以构建项目、企业、产业的平台生态新体系，从而推动以新设计、新建造、新运维为代表的产业升级，实现让每一个工程项目成功的产业目标。

新设计、新建造、新运维是数字建筑的核心理念，作为数字建筑的关键驱动。数字建筑的新设计是三维的数字化设计，设计成果要实现从概念设计到深化设计，以及施工组织设计的数字化交付。这种基于数字化、网络化的交付成果，可以在 BIM 工作平台上进行决策和设计信息的交互，把建造过程中的施工组织设计、施工方案等都能通过模拟的形式设计出来。这实际上就是把原来传统的建造过程中的大量工作进行前移，并进行模拟化，在施工过程中可以按照既有的设计进行施工，这就是一种新型的设计。新建造则是在建造过程中按照既有的设计进行部品部件的构建，将相关构件进行工厂化加工，加工好之后在现场按照工厂化流程进行安装建造，按照既定的模拟方案将部品部件组装起来形成建筑。当设计、建造完成后，最终交付的也是一个带有数字成果的建筑物，可以进行运营模拟，即新运维。交付的建筑物实体上带有各类传感器，建筑模型也集成了各类数据信息，业主可以根据反馈的相关信息进行更有针对性地运营维护。同时，交付的建筑物也是智能化的，能够集成温度、湿度、光照等多种参数，不仅能够感知环境变化，还能够反映人的需求，通过一系列数字科技，智能化地满足人们的要求。

可以预见，充满想象空间的建筑业数字化变革，将逐渐从项目的数字化，发展为企业信息化，乃至重构建筑产业生态，实现数字建筑平台的全面搭建，最终对整个建筑行业产生巨大的影响和价值。

3. 数字化变革将重构产业新生态

数字建筑在触发数字化变革的同时，也将重构建筑产业新生态。数字建筑以平台化方式形成开放、共享、生态聚集的产业生态圈。产业链相关方聚集在平台上，共同完成设计、采购、施工、运维，形成良好的生态环境。同时，生态服务伙伴以平台为基础，研发和提供专业应用和服务，实现能力聚集、快速创新，极大地减少产业重复浪费，更好地服务于产业链各环节和相关方。

从政府层面来看，数字化变革将促进政府部门的行业监管与服务水平提升。以数字建筑为载体，汇聚整合政府部门数据与行业市场主体数据信息，建设行业数据服务平台，可以为建筑市场宏观分析、监管政策、市场主体公共服务三大方向提供强有力的数据支撑，让行业信息更准确和透明，最终实现"宏观态势清晰可见，监管政策及时准确，公共服务精准有效"的行业监管，实现"理政、监管、服务"三层面的创新发展。

从企业层面来看，数字化变革将推动建筑业的进步发展。当然，要想通过互联网和数字化手段改造传统建筑行业，需要企业在理念上进行彻底的革新，也需要设计、咨询、建设单位、施工单位各个企业共同建立共享的数据平台，从而可以让开发方、设计总包、工程总包、监理、咨询在同一平台上对项目实现"管理前置、协调同步、模式统一"的全新管理模式，管理中的大量矛盾通过 BIM 标准化提前解决，减少争议，提高工作效率，这也是项目管理的一次突破性变革。

从专业层面看，项目各专业可以在互联网专业平台上完成各自的专业工作。基于互联网平台，进一步加强各专业之间的交流协同。

最终，来自政府、企业、专业的数据将汇总在基于互联网的统一平台上，实现各方实时、准确的彼此交互，重新定义建筑业，进一步推动数字城市乃至数字中国建设，从而构建全面的数字经济场景，实现建筑业的数字化变革。

7.3.2 数字技术驱动的工程建设

1. 工程建设现状及发展趋势

目前，整个建筑行业仍处于一种粗放管理的状态，工程完工超预算、超工期情况比比皆是，甚至有些工程还出现质量不达标、事故频发的情况。同时，行业内仍有许多不透明的因素，比如说在人、财、物的供应链管理上，材料和设备方面的供应还并不是很透明，人工方面也仅仅局限于劳务工人，资金方面也没有与现代金融业和互联网进行有效结合，效率不高，可以说整个行业的供应链管理比较落后。

随着以互联网、云计算为主的信息技术的快速发展，整个建筑行业也要通过以BIM 技术为主的信息化和装配式施工来改造既有建筑业传统的商业模式和生产运作方式。建筑业必须通过技术进步来优化整个产业链和供应链，同时也要重视人才的培养和储备，从而适应建筑业未来的发展要求，提升企业自身的竞争力。未来建筑，高品质、智能化、低能耗将是一种大趋势，因此，建筑业要坚持标准化设计、工厂化生产、装配化施工、一体化装修、信息化管理和智能化应用。这也就促使建筑业必须进行转型升级，才能实现建造方式的精益化，最终实现整个行业的工厂化、精细化、信息化、绿色化的四化融合。

2. 建筑业发展的核心数字技术

通过总结国内外技术研究成果可知，未来在建筑行业工程项目数字化发展中最值得深入思考和投入的有以下三项核心技术。

（1）新型网络化技术，我们称之为"万物互联"。也就是通过物联网、区块链、事件驱动等技术让连接变得更可信、可靠、并且高效，让设备和传感的接入变得更加简单，让互联互通在数字化环境里真正实现，做到效率的提升和企业自觉规范的形成。这项技术将构建一个面向建筑行业开放的工业级物联网云平台，可以和多企业进行战略合作，帮助建筑企业一步步打牢基础，可以接入包括卸料平台、高支模等现场终端设备。

（2）兼顾云计算的数据计算技术。施工现场的数字化信息分两种，一种是通过物联传感设备收集的工业实施信息，还有一种是通过视频采集的图片和影像信息，这两种信息均可变成数据模型，在此基础上才具备可计算的能力。在这个过程中 BIM 将起到非常重要的作用，它可以有效地把碎片化信息整合在一起进行深入计算和学习，企业在此基础之上可以快速搭建自己的企业数据模型。另外，因为施工现场情况非常复杂，除了一些预测性和深度挖掘分析性的大数据应用以外，项目现场也需要一些快速反应，比如说智能摄像头或者智能控制设备，在工地现场发现人员有未佩戴安全帽、安全带进入危险区域时，设备需要在第一时间从第一角度对风险、安全进行评估，此时的数据处理过程可以通过本地设备在本地边缘计算层完成，而无需交由云端，这无疑将大大提升处理效率，减轻云端的负荷。由主数据平台以及核心业务模型数据计算技术组成的智慧工地数据中心，使终端设备和云平台都具有一定的计算和验证能力，真正形成由点到线再到面的立体计算能力。

（3）人工智能技术，它让现场图片、影像分析变得更加精准。中国是最有可能在人工智能时代领跑全球的国家，因为中国有全球最大的数据量。比如说，在建筑施工领域，中国建筑集团有限公司下属一个公司的数据就超出了很多国家全国范围的数据。在我国，全国每年有 70 万个新开项目，这些项目带来的数据是巨大的，数据被提炼存储在大数据系统里，为建筑行业全过程、全要素、全参与方提供生产模式、生产力以及生产方式各个角度的信息服务。目前，业内优秀企业平台累积的标准算法可以自动识别 95%~97% 的工地常见安全隐患，常见的一些安全文明规范的落实都可以通过算法去解决。这些算法的建立和完善有赖于众多企业共同尝试、深入挖掘，最终实现适合施工全过程的智能化管理。

3. 数字技术给建筑现代化带来了可能性

我们在大量的业务研究过程中接触了很多大型的建筑施工龙头企业，在交流过程中发现，建筑行业里数字化技术应用其实是有很大潜力可以挖掘的。在数字化技术应用之下，传统的项目作业如何提升到工业级精细化水平——从流水线作业到机械化、自动化、装配化，施工现场拥有的改善空间超乎想象，平均水平能提升 40%~60%。这些提升来源于协同化的设计、协同化的施工以及供应链体系上的管理优化，也来源于装配式工厂工业化的支持，但其中最大的部分是来源于数字化和信息化技术的应用。例如，在深圳会展中心项目中，信息化技术极大地提高了复杂项目的透明度，让项目几万名工人、几百个施工企业、多区域协调、多分包多施工单位合作的过程变得透明和可视化。只有在可视化基础之上才有可能可感可控，才能进一步实现流程的优化。数据表明，全球物联网的终端设备数量在 2018 年第一次超过了移动终端，物联网技术真正进入了应用元年。也就是说，技术突破面临非常好的机会：万物互联，洞察一切，所有数据实时在线。这其中最大的受益者之一就是建筑施工行业，因为这个行业的企业体系、组织结构、项目形式都亟需协同分享，人、机、料、法、环各现场管理要素的关系也非常复杂。BIM 是信息化技术的核心载体，但大量数据的采集还是要靠以物联网为代表的数字技术综合应用来实现。所以，要以 BIM+ 物联网的技术为核心，集合云计算、大数据、物联网、移动互联网等技术，建立一个项目全过程的信息化体系，从而推动项目工地向工业级精细化生产和管理转型，这也形成了未来搭建整个施工行业解决方案的理论基础。在这基础之上，我们才能有数据，才能通过机器深度学习，真正实现最终的智慧建造，从而带来行业根本性改变。

7.3.3　数字工程造价管理

1. 数字工程造价管理的概念

数字工程造价管理是数字建筑理念的延续，也是数字建筑的重要组成。是指利用 BIM 和云计算、大数据、物联网、移动互联网、人工智能等信息技术引领工程造价管理转型升级的行业战略。它结合全面造价管理的理论与方法，集成人员、流程、数据、技术和业务系统，实现工程造价管理的全过程、全要素、全参与方的结构化、在线化、智能化，构建项目、企业和行业的平台生态圈，从而推动以新计价、新管理、新服务为代表的工程造价专业转型升级，实现让每一个工程项目综合价值最优的目标。数字工程造价管理中有几个重要的理念，包括三全数字化、三化支撑、三新应用。

2. 全参与方、过程要素的数字化

数字工程造价管理首先要实现三全数字化，即全过程数字化、全要素数字化、全参与方数字化。有了数字化平台和 BIM 模型后，不仅仅在设计阶段和交易阶段，甚至可以从立项开始就做模拟仿真，在立项阶段做的所有模拟仿真的数字化基础会成为后续进行全过程数字化管理的基础，这样会打通全过程数字化。另外，BIM 模型能集成

工程造价管理的全要素,除了工料机这些组成要素,还能集成工期、质量、安全、环境等影响工程造价的其他要素,实现全要素数字化管理。通过数字化的平台和BIM技术,就能实现可视化沟通,把全参与方协同起来,实现全参与方数字化管理。

工程咨询公司在数字化过程中,将会扮演极为重要的角色。目前,无论是业主、设计单位,还是设备材料厂商,都很难把全过程串起来,而工程咨询公司则具有数字信息集成的天然优势,既是全过程的经历者,又是项目管理的具体实施人,又是各参与方的联系纽带,所以工程咨询公司在推动三全升级的过程中会扮演很重要的角色,这也是工程咨询的价值所在,这是数字工程造价管理的一个重要内涵。

3. 结构化、在线化、智能化的支撑

三化是指结构化、在线化、智能化,这些是数字化平台的通用特点。智能化是要实现的目标,但需要有足够的有效数据来模拟训练,这就要求通过在线化的方式提供大量的来自施工现场的结构化数据,再通过数字化平台实时指导施工现场。所以,结构化是基础,在线化是关键。

数字造价管理平台需要标准化、结构化来完成基础建设,使用过程需要实时在线化。结构化主要是建立以BIM应用为核心的工程造价业务标准,包括BIM建模标准,项目特征描述标准,工程分类、分解标准,工料机编码及命名标准,工程造价成果交付标准。在工程造价管理过程中,按照这些标准去分类、定义、建模。在线化要求数字平台和现场联动,各参与方通过数字化平台,以实时在线的方式进行工作协同,通过实时沟通实现快速决策。在线化方式同时可实现数据共享,积累形成有效的行业大数据库。

4. 新计价、新管理、新服务的应用。

三新就是新计价、新管理和新服务。新计价是从原来的计算机辅助计价,变成智能化计价。原来的工程造价管理,是粗放式的阶段管理,将来要变成数字化的全过程管理。主管部门原来是专项监管,将来要通过数字化手段提高行政主管部门的监管和服务水平,实现精准化行业服务和计价依据服务。

(1)新计价即智能化计价,是以BIM模型为基础,集成工程造价组成的各要素,通过工程造价大数据及人工智能技术,实现快速算量、智能列项、智能组价、智能选材定价,有效提升工程计价工作效率及成果质量。过去传统的工程计价方式,工作主体是工程造价专业人员,工程造价人员根据自己的经验完成工程计价工作。将来对工程造价人员的经验要求会降低,工程造价人员可以在数字化工程造价管理平台上工作,平台会通过标准化、结构化方式给工程造价专业人员进行管理、技术、数据的赋能。图7-12为数字化工程计价方法示意图。

智能化的工程量清单编制。现阶段要编制工程量清单,首先是根据图纸工作内容进行工程量清单的列项、项目特征的描述,然后是按规则计算工程量,这些工作其实也是很难的,如果没有施工现场经验,没有多年的工程造价工作经验,很难准确地完成,并发现问题与不足。如果能把设计的图库建立起来,把对工程造价有影响的清单特征

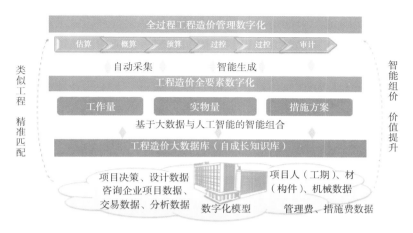

图 7-12 数字化工程计价方法示意图

项枚举出来，内置到平台的数据库中，计算机就会实现工程量清单的智能编制。它会依据图纸上的设计和图库、构件库智能列项，然后像做选择题一样智能描述项目特征，依据固化的工程量计算规则自动完成工程量计算。

智能化的工程计价。数字化的平台会实现工程造价人员的工作方式由单机软件变为云加端，云可以实现高效计算，端可以实现智能应用。原来的工程计价依据主要是定额，未来的工程计价依据可以是现场实时和历史项目形成的自成长的大数据库。在端上不仅可以实现快速算量、智能开项，还可以实现智能组价和智能的选材定价。大量的计算在云上完成，同时自成长的数据库是通过整个行业大数据为端上的软件和云上计算来提供数据赋能，完成各种组价、换算等工作。造价工程师通过精准匹配或者自动计价协同完成工程计价与个案项目的调整工作，针对项目的实际作出适当调整，进行价值管理。

（2）新管理即数字化工程造价管理，是以全寿命周期的 BIM 模型为基础，打通全过程工程造价管理，实现各参与方实时协同。通过大数据及人工智能技术，对建设期、维护期综合成本，以及质量、工期、安全、环保等要素成本进行智能分析，以数字化工程造价管理方式实现项目的科学决策与管理。

实现数字化工程造价管理的一个重要抓手就是 BIM。在各个不同阶段，BIM 会集成不同的信息，例如，设计模型会包含构件尺寸、材料、做法信息，招投标后模型会集成工程造价信息，最终形成全寿命周期的 BIM 模型。当然，各阶段模型要打通，需要工程咨询公司承担 BIM 总协调人的角色。有了模型后，就能实现可视化沟通协调，加上数字工程造价管理平台的业务集成和计算能力，就能很方便地进行价值管理、合约管理、过程控制、风险管理、效益分析等。

例如，某工程项目在施工过程中发现要做坡道变更，由普通人行道变更为残疾人坡道。传统方式是设计师要为业主提供多个设计方案，业主要从外观、功能、造价等角度统筹考虑采用哪个方案。这个过程业主需要反复和设计师、施工单位、材料供应商沟通，最终才能确定一个性价比最优的方案。数字化管理模式：设计变更将完全可视化，设计师有 2 个设计变更方案设想，例如水泥砂浆坡道、机刨花岗石坡道。设计师和造价工程师协作，从 BIM 构件库中选择水泥砂浆坡道或机刨花岗石坡道两个 BIM 构件，可以看到两个构件的造价信息，以及实际外观。业主可以通过这些信息快速决策采用哪个变更方案。修改 BIM 模型后，数字化平台直接完成变更结算统计。通过数字化的管理，各参与方决策更加科学、高效。

这里有一个前提条件，就是要有构件指标库等大数据支撑。已完成的建筑物 BIM 模型中集成了工程造价数据，若把模型拆解，则可以形成不同细度的模型指标，下次做估算、概算或变更决策的时候就可以直接调用，并且直接把工程造价带过来。

（3）新服务即精准化服务，是通过全过程造价管理平台、建设工程交易平台，积累项目、企业、人员、诚信记录，同时与社会征信合并形成四库一平台，反作用于工程造价管理及工程交易管理过程，实现精准化行业服务。通过物联网设备、交易平台采集施工现场及交易数据，借助大数据分析技术形成计价依据，并动态更新，实现精准化计价依据服务。

行业主管部门要加强事中事后的动态监管，实现监管常态化、无形化，而非专项监管与检查。例如，招标控制价太低，会导致投标价低，甚至出现质量问题。现在很多地区是采取双随机一公开的监管模式，抽到后由专家进行价格审核。这种监管方式覆盖面不够，专家审核费用较多。将来在平台上客户通过大数据去检查工程造价文件，有问题的预警、审查。这种方式与机场安检一样，可以全面覆盖监管项目，智能预警，大大提升监管的效率。再如，过去各地主管部门在编制定额时，由于时间、资源的限制，无法通过实测去采集实际的工料机消耗量，导致定额水平与市场实际情况出现了一定的偏差。但是将来可以通过交易数据和施工现场的智能终端完成数据采集工作，快速分析形成定额，并且动态更新。这种定额既真实又能及时更新。又如，将来施工现场将具备先进的采集手段，如人工可以通过安全帽来采集，安全帽内置芯片后可以记录某个施工作业面有多少工人作业，工作了多长时间，这样，结合完成的工作量就可以计算出该作业单位工作需要消耗的人工量。同理，对机械操作人员记录，可以形成机械台班的单位工作消耗数量。根据班组每天的材料领料单记录材料消耗，并结合班组完成的工作量，可以计算某项作业的单位工作材料消耗量。把这些工料机消耗量和定额编制系统进行有效集成，就构成定额动态测算的管理平台，可以非常快速地完成数字化的消耗量采集和发布。

5. 数字化变革的策略

工程造价管理的数字化变革，需要从三个层面分别落地。首先需要有大数据思维，一是要认识到数据是生产要素，二是数据需要共享，才能完成积累、形成新的生产力，所以，工程造价的管理要参与到行业生态圈中去共享、共赢。另外，要系统地构建工程造价管理体系，它是工程造价管理工作规则的保障，将来要实现数据结构化表述，还需要持续完善工程造价管理体系及各种标准，通过标准化来推动数据结构化，为数据积累提供基础保障。最后，要有共建和共享的数字化平台的意识和行动，数字化平台是实施落地的有效支撑。

数字化变革是不可逆转的趋势，市场主体各方都需要去适应，甚至是主动参与到数字化变革过程中。企业要共建数字平台，有了数字平台以后就能打通项目全过程工程造价管理，要融入以工程咨询为核心构建的生态圈。另外，可以把自有数据在生态圈中共享，通过数据沉淀提升自己的智能化、数字化水平，实现整个生态互相促进。工程造价从业人员以前偏重于工程计量计价活动，但未来一定要加入系统化的管理思想。从业人员首先要建立全面工程造价管理理念，升级知识和技能。同时，要积极应用数字化平台，通过 BIM 技术与业务的结合，实现数字化工程造价管理。行业工程造价管理部门需要完善有关标准，便于工程造价数据的分析、加工，形成大数据，实现精准化的工程造价信息服务。

附 录

附录 A

高等学校工程造价本科指导性专业规范

关于同意颁布《高等学校工程造价本科指导性专业规范》的通知

高等学校工程管理和工程造价学科专业指导委员会：

根据教育部和住房城乡建设部有关要求，由你委组织编制的《高等学校工程造价本科指导性专业规范》，已通过住房城乡建设部人事司、高等学校土建学科教学指导委员会的审定，现同意颁布。请指导有关高等学校认真实施。

住房城乡建设部人事司
住房城乡建设部高等学校土建学科教学指导委员会
2015 年 1 月 30 日

高等学校工程造价本科指导性专业规范目录

（五）实习基地

（六）教学经费

七、附件

附件一　工程造价专业知识体系（知识领域、知识单元和知识点）

表 1-1　人文社科、自然科学基础知识领域及推荐课程

表 1-2　专业知识领域及推荐课程和学时

表 1-2-1　建设工程技术基础知识领域知识单元、知识点及推荐学时

表 1-2-2　工程造价管理理论与方法知识领域知识单元、知识点及推荐学时

表 1-2-3　经济与财务理论知识领域知识单元、知识点及推荐学时

表 1-2-4　法律法规与合同管理知识领域知识单元、知识点及推荐学时

表 1-2-5　工程造价信息化技术知识领域知识单元、知识点及推荐学时

附件二　工程造价专业实践教学领域（核心实践单元和知识技能点）

表 2-1　实践教学领域及实践单元

表 2-2-1　实验领域实践单元和知识技能点

表 2-2-2　实习领域实践单元和知识技能点

表 2-2-3　设计领域实践单元和知识技能点

附件三　推荐的工程造价专业知识领域知识单元和知识点

表 3-1　建设工程技术基础知识领域推荐知识单元、知识点及学时

表 3-2　工程造价管理理论与方法知识领域推荐知识单元、知识点及学时

表 3-3　经济与财务理论知识领域推荐知识单元、知识点及学时

表 3-4　法律法规与合同管理知识领域推荐知识单元、知识点及学时

表 3-5　工程造价信息化技术知识领域推荐知识单元、知识点及学时

《高等学校工程造价本科
指导性专业规范》全文

附录 B

××××大学
2018 级工程造价专业本科培养方案

一、专业基本信息

英文名称	Cost Engineering		
专业代码	120105	学科门类	管理学
学　　制	四年	授予学位	管理学学士

二、培养目标及特色

本专业培养德、智、体、美全面发展，具备数理基础和人文社科知识，掌握土木工程与工程造价相关基本理论和基础知识，获得造价工程师技能训练，具备较高的专业综合素质和较强的工程造价管理能力、经济分析能力以及合同管理能力，能够在国内外工程建设领域从事工程决策分析与经济评价、工程建设全过程造价管理与咨询、工程合同管理、工程造价鉴定、工程审计等方面工作的复合创新型专门人才。

本专业依托学校工程技术优势，以"技术、管理、经济、法律法规、信息化"五大平台课为核心课程体系，适应国内外造价工程师等相关职业的要求，注重实践、强调创新，培养学生全面造价管理能力，满足建筑业和首都经济建设发展的高级人才需求。

三、主干学科

管理科学与工程、土木工程

四、主干课程

1. 主干基础课程

大学英语、高等数学、工程制图、概率论与数理统计、管理学原理、经济学原理、管理运筹学、建设法规、工程管理信息系统、工程财务管理

2. 主干专业课程

工程力学、工程结构、工程施工 、工程材料 、工程经济学 、建筑与装饰工程估价、安装工程估价 、工程项目管理、工程招投标与合同管理 、工程造价管理、BIM 技术与应用

五、主要实践教学环节

专业认识实习、工程制图与识图课程设计、房屋建筑学课程设计、工程结构课程设计、工程经济学课程设计、工程项目管理课程设计、建筑与装饰工程估价课程设计、安装工程估价课程设计、基于BIM的工程造价软件实训、工程招投标模拟、造价工程师工程实践、毕业实习、毕业设计

六、毕业学分要求

参照学校本科学生学业修读管理规定及学士学位授予细则，修满本专业最低计划学分应达到165学分，其中理论课程129学分，实践教学环节36学分。

七、各类课程结构比例

课程类别	课程属性	学分	学时	学分比例
通识教育课	必修	32.5	640	19.70%
	核心	8	128	4.85%
	选修	3	48	1.82%
大类基础课	必修	54	912	32.73%
	选修	3	48	1.82%
专业核心课	必修	15	240	9.09%
专业方向课	必修	9	144	5.45%
	选修	4.5	72	2.73%
独立实践环节	必修	36	744	21.82%
总计		165	2976	100%

八、教学进程表

学期	教学周	考试	实践	学期	教学周	考试	实践
1	4~19 周	20 周	1~3 周	2	1~16 周	17~18 周	19~20 周
3	1~16 周	17~18 周	19~20 周	4	1~16 周	17~18 周	19~20 周
5	1~16 周	17 周	18~20 周	6	5~16 周	17 周	1~4，18~20 周
7	9~18 周	—	1~8，19~20 周	8	1~4 周毕业实习，5~16 周毕业设计，17 周答辩		

九、毕业生应具备的知识能力及实现途径

毕业生应具备的知识能力	相关知识领域	实现途径（课程支撑）
掌握自然科学和社会科学的基本知识	自然科学的相关知识领域	大学物理概论、高等数学、线性代数、概率论与数理统计
	人文社科、文学艺术的相关领域	毛泽东思想和中国特色社会主义理论体系、马克思主义基本原理、中国近现代史纲要、思想道德修养与法律基础、文学艺术欣赏、大学英语、专业英语

续表

毕业生应具备的知识能力	相关知识领域	实现途径（课程支撑）
工程技术基础知识	制图与识图的相关知识领域	画法几何、工程制图与识图、计算机辅助设计基础、毕业设计
	工程施工相关知识领域	工程测量、工程材料、工程结构、土木工程概论、工程力学、结构力学、工程施工、专业认识实习、毕业设计
全过程工程造价管理能力	工程计量与计价的知识领域	工程造价专业概论、建筑与装饰工程估价、安装工程估价、市政工程与园林工程估价、仿古建筑估价、算量大赛、基于 BIM 的工程造价软件实训、造价工程师工程实践、工程招投标模拟、毕业设计
	全过程工程项目管理知识领域	物业管理、工程项目管理、毕业设计、工程造价管理、房地产估价、工程招投标模拟、算量大赛、BIM 设计大赛、毕业设计
	工程信息化管理知识领域	计算思维导论、数据库技术与应用、BIM 技术与应用、工程管理信息系统、基于 BIM 的工程造价软件实训、BIM 设计大赛、算量大赛、毕业设计
工程经济分析与管理	经济与管理知识领域	管理学原理、经济学原理、管理运筹学、会计学原理、应用统计学、房地产经济学、工程经济学、造价工程师工程实践、算量大赛、BIM 设计大赛、毕业设计
合同管理能力	相关法律法规知识	经济法、建设法规、工程招投标与合同管理、国际工程合同管理、毕业设计
工程项目成本管理能力	投融资及工程财务相关知识	项目投资与融资、工程财务管理、工程造价管理、工程审计、房地产估价、挑战杯、房地产策划大赛、毕业设计

十、指导性教学计划（见附表）

工程造价专业指导性教学计划

附表 1

课程类别	课程属性	课程名称	学分	总学时	讲课学时	实验学时	上机学时	课外学时	延续教学	开课学期	教学单位
通识教育课	必修	思想道德修养与法律基础	3	48	32			16		1	马克思主义学院
		中国近现代史纲要	3	48	32			16		2	马克思主义学院
		马克思主义基本原理概论	3	48	32			16		3	马克思主义学院
		毛泽东思想和中国特色社会主义理论体系概论	5	80	48			32		4	马克思主义学院
		形势与政策（1~4）	2	32	16			16		1~4	马克思主义学院
		大学生职业生涯与发展规划	1	16	16					1	学工部
		大学英语（1~2）	6	128	96				32	1~2	文法学院
		大学英语拓展系列课程（1~4）	2	32	32					3	文法学院
		大学英语拓展系列课程（5~8）	2	32	32					4	文法学院
		体育（1~4）	4	120	120					1~4	体育部

续表

课程类别	课程属性	课程名称	学分	总学时	讲课学时	实验学时	上机学时	课外学时	延续教学	开课学期	教学单位
通识教育课	必修	计算思维导论	1.5	56	24			32		1	电信学院
		小计	32.5	640	480			128	32		
	核心	经典赏析与文化传承	2	32						1~8	各院部
		哲学视野与文明对话	2	32						1~8	各院部
		科技革命与社会发展	2	32						1~8	各院部
		建筑艺术与审美教育	2	32						1~8	各院部
		生态文明与未来城市	2	32						1~8	各院部
		至少选修4类，每类至少选修2学分，共计8学分									
	选修	创新创业类				1~8学期任选					各院部
		工程实践类				1~8学期任选					各院部
		复合培养类				1~8学期任选					各院部
		跨类任选至少3学分									
		通识教育课合计至少修读43.5学分，其中通识教育必修32.5学分，通识教育核心8学分，通识教育任选3学分									
大类基础课	必修	高等数学A（1）	5	96	80			16		1	理学院
		工程造价专业导论	0.5	8	8					1	工程管理系
		管理学原理	2	32	32					1	工商管理系
		画法几何B	2	36	32			4		1	理学院
		高等数学A（2）	5	80	80					2	理学院
		线性代数	2	40	32			8		2	理学院
		大学物理概论	3	64	48	16				2	理学院
		工程力学B	2	32	32					2	理学院
		土木工程概论	1.5	24	24					2	土木学院
		土木工程制图B	2	36	32			4		2	理学院
		会计学原理	2	32	32					2	公共管理系
		概率与数理统计A	4	64	64					3	理学院
		经济学原理	2	32	32					3	工商管理系
		结构力学	2	32	32					3	理学院
		工程材料	2	32	32					3	土木学院
		房屋建筑学	2	32	32					3	建筑学院
		数据库技术与应用	2	32	32			16		3	电信学院
		工程测量	2	32	32					3	测绘学院
		建设法规	2	32	32					3	公共管理系
		工程财务管理	2	32	32					3	工商管理系
		工程施工	3	48	48					4	土木学院

续表

课程类别	课程属性	课程名称	学分	总学时	讲课学时	实验学时	上机学时	课外学时	延续教学	开课学期	教学单位
大类基础课	必修	工程结构	2	32	32					4	土木学院
		管理运筹学	2	32	32					4	公共管理系
		小计	54	912	864						
	选修	经济法	2	32	32					1	工商管理系
		计算机辅助设计基础	1.5	24	24				16	3	电信学院
		应用统计学	2	32	24	8				4	工商管理系
		房地产经济学	2	32	32					5	工程管理系
		专业外语	2	32	32					5	工程管理系
		科技文献检索	1	16	16					5	图书馆
		房地产开发与经营	1.5	24	24					5	工程管理系
		经济应用文写作	1	16	16					5	工程管理系
		小计	13	208	200						
		大类学科基础课合计57学分，必修54学分，任选3学分									
专业核心课	必修	工程经济学	3	48	48					5	工程管理系
		工程项目管理	3	48	48					5	工程管理系
		建筑与装饰工程估价	3	48	48					5	工程管理系
		工程造价管理	2	32	32					6	工程管理系
		工程招投标与合同管理	2	32	32					6	工程管理系
		BIM技术与应用	2	32	32					6	工程管理系
		小计	15	240	240						
		专业核心课合计必修15学分									
专业方向课	必修	建筑设备（电气）	1	16	16				16	4	电信学院
		建筑设备（水暖）	1	16	16				16	4	环能学院
		工程管理信息系统	3	48	24		24			5	工程管理系
		安装工程估价	2	32	16		16			7	工程管理系
		项目投资与融资	2	32	32					6	工程管理系
		小计	9	144	104		40				
	选修	物业管理	2	32	32					6	工商管理系
		房地产估价1	2	32	32					6	工程管理系
		仿古建筑工程估价	1.5	24	24					6	工程管理系
		国际工程估价（双语）	1.5	24	24					6	工程管理系
		工程造价案例分析	1.5	24	24					7	工程管理系
		市政与园林工程估价	1.5	24	24					7	工程管理系

续表

课程类别	课程属性	课程名称	学分	总学时	讲课学时	实验学时	上机学时	课外学时	延续教学	开课学期	教学单位
专业方向课	选修	国际工程合同管理（双语）	2	32	32					7	工程管理系
		工程审计	1.5	24	24					7	工程管理系
		小计	13.5	216	216						
	专业方向课合计 13.5 学分，必修 9 学分，任选 4.5 学分（可提出允许跨院系选修的学分要求或其他修读要求）										

工程造价专业指导性教学计划（实践环节）　　　　　　附表 2

课程属性	课程名称	学分	折合学时	实验实践	上机	开课学期	开设周次	教学单位
课内	军事理论	1	32			1	1~3	武装部
	军训	1	32	32				
	专业认识实习	1	20			2	19	工程管理系
	土木工程制图课程设计	1	20			2	20	理学院
	工程经济学课程设计	1	20			5	19	工程管理系
	工程测量实习	1	20			3	19	测绘学院
	房屋建筑学课程设计	1	20			3	20	建筑学院
	工程结构课程设计	1	20			4	19	土木学院
	工程施工课程设计	1	20			4	20	土木学院
	工程项目管理课程设计	1	20			5	18	工程管理系
	建筑与装饰工程估价课程设计	1	20			5	10	工程管理系
	安装工程估价课程设计	2	40			7	19~20	工程管理系
	基于 BIM 的工程造价创新应用	4	80			6	1~4	工程管理系
	工程招投标模拟	1	20			6	20	工程管理系
	BIM 技术与应用课程设计	2	40			6	18~19	工程管理系
	造价工程师工程实践	4	80			7	1~8	工程管理系
	毕业实习	2	40			8	1~4	工程管理系
	毕业设计	8	160			8	5~16	工程管理系
	小计	34	704					
课外	创新创业实践	2	40				1~8	工程管理系
	小计	2	40					
实践环节合计 36 学分，其中课内 34 学分，课外 2 学分（创新创业实践学分认定见学校、学院相关规定）								

十一、主要课程逻辑关系结构图

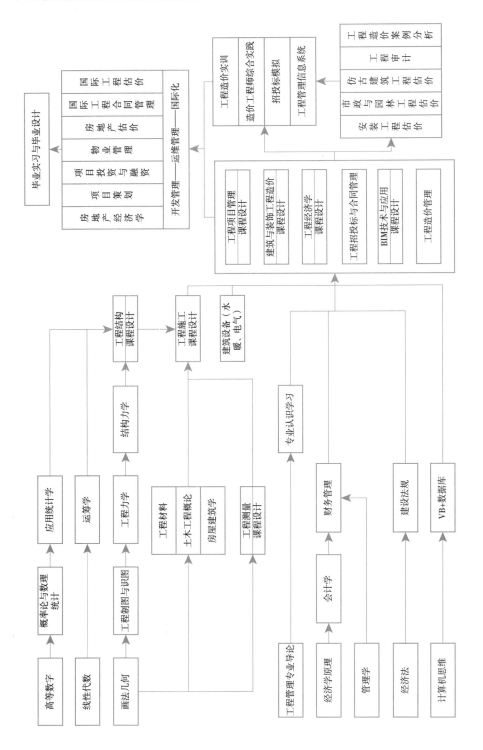

参考文献

[1] 中华人民共和国住房和城乡建设部.工程造价术语标准 GB 50875—2013.北京：中国计划出版社，2013.

[2] 中华人民共和国住房和城乡建设部.建设工程造价咨询规范 GB/T 51095—2015.北京：中国建筑工业出版社，2015.

[3] 吴佐民.中国工程造价管理体系研究报告.北京：中国建筑工业出版社，2014.

[4] 刘伊生.建设工程造价管理.中国计划出版社.

[5] 王雪青.工程项目成本规划与控制.北京：中国建筑工业出版社，2011.

[6] 中国建设工程造价管理协会.建设项目全过程造价咨询规程 CECA/GC4—2017.北京：中国计划出版社，2017.

[7] 刘伊生.建设工程全面造价管理.北京：中国建筑工业出版社，2010.

[8] 何继善等.工程管理论.北京 中国建筑工业出版社，2017.

[9] 丁士昭.工程项目管理（第二版）.北京：中国建筑工业出版社，2014.

[10] 成虎.工程项目管理（第四版）.北京：中国建筑工业出版社，2015.

[11] 刘晓君.工程经济学（第三版）.北京：中国建筑工业出版社，2015.

[12] 中华人民共和国住房和城乡建设部.建设工程工程量清单计价规范 GB 50500—2013.北京：中国计划出版社，2013.

[13] 国家建筑材料工业标准定额总站.建设工程计价设备材料划分标准 GB/T 50531—2009.北京：中国计划出版社，2009.

[14] 中国建筑工程造价管理协会.建设项目投资估算编审规程 CECA/GC 1—2015.北京：中国计划出版社，2016.

[15] 高等学校工程管理和工程造价学科专业指导委员会.高等学校工程造价本科指导性专业规范.北京：中国建筑工业出版社，2015.

[16] 中国建设工程造价管理协会.工程造价费用构成研究.

[17] 建筑工程施工发包与承包计价管理办法.住房城乡建设部 16 号部令.住房城乡建设部.

[18] 中国建设工程造价管理协会.《建筑工程施工发包与承包计价管理办法》释义.北京：中国计划出版社，2014.

[19] 建设工程价款结算暂行办法.财建 [2004]369 号.财政部，建设部.

[20] 建筑安装工程费用项目组成.建标 [2013]44 号.住房城乡建设部、财政部.

[21] 关于进一步推进工程造价管理改革的指导意见.建标 [2014]142 号.住房城乡建设部.

[22] 国务院办公厅关于促进建筑业持续健康发展的意见.国办发 [2017]19 号国务院办公厅.

[23] 造价工程师职业资格制度规定 . 建人 [2018]67 号 .

[24] 注册造价工程师管理办法 . 建设部令第 150 号 . 建设部 .

[25] 工程造价咨询企业管理办法 . 建设部令第 149 号建设部 .

[26] 造价工程师职业道德行为准则 . 中价协 [2002] 第 015 号 . 中国建设工程造价管理协会 .

[27] 广联达科技股份有限公司 . 数字建筑白皮书 .

[28] 广联达科技股份有限公司 . 数字造价管理白皮书 .

[29] 郝建新 . 美国工程造价管理 . 天津：南开大学出版社，2002.

[30] 王振强 . 日本工程造价管理 . 天津：南开大学出版社，2002.

[31] 郭婧娟 . 国外工程造价管理模式比较研究 .

[32] 中国建设工程造价管理协会 .2017 年工程造价咨询统计资料汇编 .